■ 轴测图

② 传统测绘图

① 数字测绘图　　③ 三维模型图

④ 三维点云图

⑤ 远红外图

多属性正立面组合图索引

三维数字化测绘成果信息

1. 可提供遗产多属性信息

图中左半侧①为数字测绘图，右半侧自上而下依次为②传统测绘图、③三维模型图、④三维点云图、⑤远红外图；此外，还可提供多光谱图、三角面、照片等多维度、多功能、多效果的丰富古塔信息。

2. 可提供遗产多视角视图

如顶视图、各立面图、轴测图以及鸟瞰图等，可全方位、多角度、立体化地观察、比较和研究古塔形态。

3. 可提供遗产多尺度信息

如宏观鸟瞰图、地形地貌、环境关系等多尺度信息；中观平、立、剖面图，局部三维形态，局部结构构造等信息；微观材质、损伤、色彩、质地等信息；借助特殊仪器还可获得古塔材料和病害的超微信息。

三维数字化测绘成果信息，可广泛、高效、多维地支撑古塔的数字化档案建设、遗产保护、科学研究、文化展示和科普教育等工作。

河北省古塔信息表

市	区/县	塔名	数量	形制	面数	层数
承德	围场县	半截塔	3	方座覆钵组合塔	四	三
承德	双桥区	万寿琉璃塔		仿楼阁式塔	八	七
承德	双桥区	永佑寺舍利塔		楼阁式塔	八	九
张家口	赤城县	瑞云寺塔	10	密檐塔	六	七
张家口	赤城县	重光塔		楼阁式塔	八	五
张家口	宣化区	佛真猞猁迤逻尼塔		密檐塔	六	十三
张家口	宣化区	柏林寺塔		多宝佛塔	八	五
张家口	涿鹿县	镇水塔		密檐塔	八	七
张家口	涿鹿县	燕峰山炬禅师灵塔		密檐塔	六	五
张家口	阳原县	澍鹫寺塔		密檐覆钵组合塔	八	三
张家口	蔚县	资中政公禅师灵塔		覆钵式塔	圆形	一
张家口	蔚县	重泰寺灵骨塔		覆钵式塔	圆形	一
张家口	蔚县	南安寺塔		密檐塔	八	十三
唐山	遵化区	保安塔	5	密檐仿阁楼式塔	八	三
唐山	遵化区	永旺塔		密檐塔	八	七
唐山	丰润区	玉煌塔		密檐塔	八	九
唐山	丰润区	天宫寺塔		密檐塔	八	十三
唐山	古冶区	多宝佛塔		密檐塔	八	七
廊坊	三河市	灵山塔	1	密檐仿阁楼式塔	八	五
秦皇岛	海港区	板厂峪塔	4	密檐塔	六	七
秦皇岛	卢龙县	重庆宝塔		密檐仿阁楼式塔	八	残存四
秦皇岛	昌黎县	源影寺塔		密檐塔	八	十三
秦皇岛	昌黎县	双阳塔		密檐仿阁楼式塔	八	五
保定	涿州市	智度寺塔	19	楼阁式塔	八	五
保定	涿州市	永安寺塔		密檐塔	八	残存六
保定	涞水县	庆华寺塔		花塔	八	一
保定	涞水县	西岗塔		密檐楼阁组合塔	八	十三
保定	涞水县	皇甫寺塔		密檐塔	八	十三
保定	涞源县	兴文塔		仿楼阁式塔	八	五
保定	易县	双塔庵北塔		密檐塔	八	十三
保定	易县	双塔庵南塔		密檐覆钵组合塔	六	三
保定	易县	圣塔院塔		密檐塔	八	十三
保定	易县	白塔		密檐楼阁组合塔	四	三
保定	易县	血山塔		密檐塔	四	三
保定	易县	燕子塔		密檐塔	八	十三
保定	易县	千佛宝塔		楼阁式塔	六	七
保定	满城区	月明寺双塔		覆钵式塔	圆形	一
保定	雄安新区	五印浮屠塔		密檐仿阁楼式塔	八	七
保定	顺平县	伍侯塔		密檐塔	六	五
保定	曲阳县	文昌塔		仿楼阁式变异塔	八	六
保定	曲阳县	修德寺塔		花塔楼阁组合塔	八	六
保定	博野县	兴国寺塔		密檐塔	四	十五
石家庄	平山县	泽云和尚灵塔	1	单层塔	六	一
邢台	临城县	普利寺塔	3	密檐塔	四	七
邢台	隆尧县	石佛寺塔		密檐塔	八	六
邢台	南宫市	普彤塔		楼阁式塔	八	八
衡水	桃城区	宝云塔	1	楼阁式塔	八	九
邯郸	武安市	郭宝珠塔	8	楼阁式塔	八	残存四
邯郸	武安市	舍利塔		楼阁式塔	八	十三
邯郸	武安市	玉峰塔		密檐仿楼阁式塔	八	五
邯郸	武安市	北安庄塔		楼阁式塔	八	七
邯郸	武安市	野河塔		楼阁式变异塔	圆形	七
邯郸	武安市	南岗塔		楼阁式塔	八	三
邯郸	峰峰矿区	北响堂常乐寺塔		楼阁式塔	八	九
邯郸	峰峰矿区	南响堂寺塔		楼阁式塔	八	七

阅读说明：

1. 目录部分：各塔以正轴测图方式呈现，排列顺序以河北省各市为地理单元，以塔所处纬度自北向南排列。由此便于读者获得古塔的直观形态信息；同时，快速了解其所处地理单元内相关性较高的多个古塔的形态特征。

2. 内容部分：以塔为单元，逐一排列。每塔测绘信息以4页呈现，分别展现古塔现状环境鸟瞰照片（第1页），古塔人视点照片和顶部照片（第2页），古塔一层平面图、主立面图和局部细节图（第3页），古塔其余三立面图和局部特殊部位放大立面图（第4页）。

3. 尺寸标注：一般情况，立面图竖向标注三道尺寸，由外至内分别为总高度（地面或台基面至塔顶或其上物体最上端），塔座、塔身、塔檐、塔刹各段尺寸（以各段交接处为界），各段内部主要结构或形态单元尺寸（以完整单元变化处为界）；横向则标两道尺寸，包括总长和主要结构或形态单元尺寸。需特别说明的是，主立面图竖向标两侧尺寸（其余立面只标一侧）。由于古塔历经沧桑，各面结构沉降不尽相同，特别是檐部尤为显著，因此双侧标注时，同层对应但位于不同面的构件多有竖向尺寸差异，这一现象是数字化测绘成果高度呈现真实性的显著特点，传统测绘则难以刻画如此细微的差异，通常仅以一侧高度代表同层对应构件高度。

4. 细节索引：以索引方式展示古塔局部细节特征。黑色实圆索引号对应图纸参见各塔第3页左下方，为索引处古塔局部细节特征；空圈索引由索引号和浅灰色长方形色块两部分组成，索引号对应图纸参见各塔第4页下方，为古塔局部特殊部位放大立面图，浅灰色长方形色块则表示此索引图选取的位置和范围。第4页下部索引图中，黑色箭头所指位置为下方横向尺寸标注的位置。

工作说明：以下人员参与了古塔测绘、尺寸标注、文字编辑和排版等主要工作。

测绘一组：曹迎春、张子湛
测绘二组：杨　杰、高一民
测绘三组：戴海岩、孙玉熙
文字编辑：曹迎春、段　玉
尺寸标注：张孝坤、黎世秋
排版一组：黎世秋、孙玉熙
排版二组：李牧恩、戴海岩

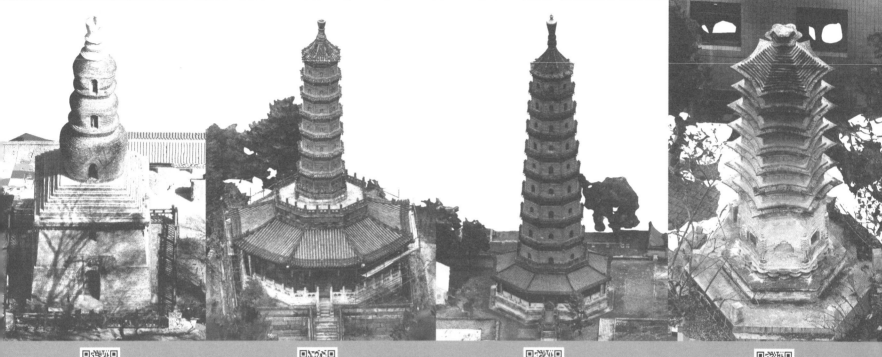

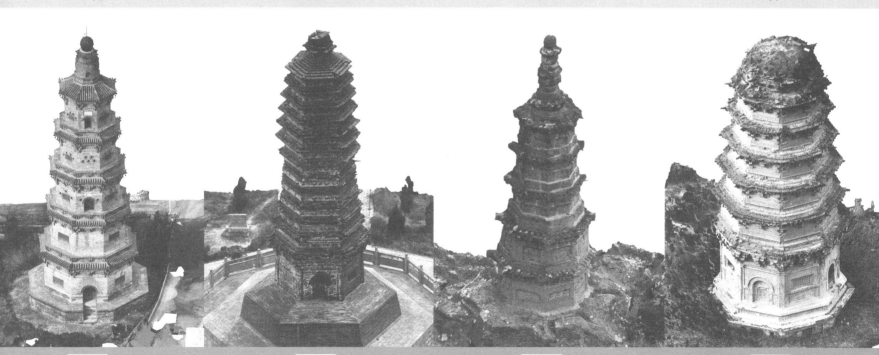

燕峰山炬禅师灵塔
河北省张家口市涿鹿县
48

澍鹭寺塔
河北省张家口市阳原县
52

资中政公禅师灵塔
河北省张家口市蔚县
56

重泰寺灵骨塔
河北省张家口市蔚县
60

南安寺塔
河北省张家口市蔚县
64

保安塔
河北省唐山市遵化市
68

永旺塔
河北省唐山市遵化市
72

玉煌塔
河北省唐山市丰润区
76

天宫寺塔
河北省唐山市丰润区
80

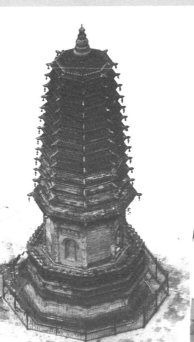

多宝佛塔
河北省唐山市古冶区
84

灵山塔
河北省廊坊市三河市
88

板厂峪塔
河北省秦皇岛市海港区
92

重庆宝塔
河北省秦皇岛市卢龙县
96

源影寺塔
河北省秦皇岛市昌黎县
100

双阳塔
河北省秦皇岛市昌黎县
104

智度寺塔
河北省保定市涿州市
108

永安寺塔
河北省保定市涿州市
112

庆华寺塔
河北省保定市涞水县
116

西岗塔
河北省保定市涞水县
120

皇甫寺塔
河北省保定市涞水县
124

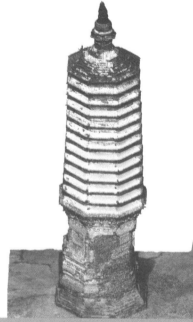

兴文塔
河北省保定市涞源县
128

双塔庵北塔
河北省保定市易县
132

双塔庵南塔
河北省保定市易县
136

圣塔院塔
河北省保定市易县
140

白塔
河北省保定市易县
144

血山塔
河北省保定市易县
148

燕子塔
河北省保定市易县
152

千佛宝塔
河北省保定市易县
156

月明寺双塔
河北省保定市满城区
160

五印浮屠塔
河北省保定市雄安新区
164

伍侯塔
河北省保定市顺平县
168

文昌塔
河北省保定市曲阳县
172

修德寺塔
河北省保定市曲阳县
176

兴国寺塔
河北省保定市博野县
180

泽云和尚灵塔
河北省石家庄市平山县
184

普利寺塔
河北省邢台市临城县
188

石佛寺塔
河北省邢台市隆尧县
192

普彤塔
河北省邢台市南宫市
196

宝云塔
河北省衡水市桃城区
200

郭宝珠塔
河北省邯郸市武安市
204

舍利塔
河北省邯郸市武安市
208

玉峰塔
河北省邯郸市武安市
212

北安庄塔
河北省邯郸市武安市
216

野河塔
河北省邯郸市武安市
220

南岗塔
河北省邯郸市武安市
224

北响堂常乐寺塔
河北省邯郸市峰峰矿区
228

南响堂寺塔
河北省邯郸市峰峰矿区
232

半截塔

河北省承德市围场县
41°55′6.45″N, 117°27′40.11″E
2021-01-23

半截塔位于河北省承德市围场县半截塔镇半截塔村内东北部，西临伊玛图河。元至元年间（1271—1340年），为祭祀疆场死者亡灵建造，称"祭骨塔"，为我国现存较少元塔之一。清乾隆三十一年（1766年），帝围场秋狝，塔存其半，得名"半截塔"。[1]据清代学者黄钺记载，清嘉庆年间此处仍存大、小两座残塔。民国十九年（1930年），当地士绅捐资重修，更名"新风塔"。2013年3月5日，被国务院公布为第七批全国重点文物保护单位。

　　半截塔为四角方座与覆钵体组合塔，塔内空心，三层，内置楼梯，供登者上下。塔身高大，下部敦厚稳重；上部挺拔饱满，形制特异。塔前存少量元代寺庙遗址基石，出土陶器、砖瓦等遗物佐证其祭祀功用。半截塔由塔座、塔身、塔刹三部分组成。塔体青砖砌筑，内存部分木、石结构。因不同时期修造，呈现上下两段复合形制。下段为方形楼阁式塔座，上段三层覆钵式塔身，钵体饱满，形似葫芦宝瓶。整体方圆叠置，比例均衡，造型优美，融合不同时期审美特征。石质塔基前设台阶，沿阶至塔座；塔座正方形，整体砖砌。正面开圆券门，门框由暖灰色石材砌筑，做工精细，额上雕"民国十九年

重修"字样。门上置方窗。塔座檐部砖砌叠涩出檐，置仿木方椽构件，施雕砖半瓦当。塔座顶部施叠涩坡屋顶，承上部塔身；塔身三层，每层砖砌钵形，叠置而上。一层较大，二、三层逐渐收进。各层之间交替施砖砌叠涩盘状构件，取莲座意向。塔身节奏生动，变化丰富。各层钵体正面均局部砌竖向平面，形制特异，且皆于此面辟拱门（或窗），半圆券和木梳背券交替采用。塔身砌砖形式多样，以叠涩、菱角牙子、一甃一卧等做法获得悬挑，层层水平线脚环束，肌理丰富；刹座双层须弥座，上置白色宝珠塔刹，造型复杂，圆润饱满。

[1] 尹志杰. 木兰围场景点大观 [M]. 呼和浩特：远方出版社，2004：38.

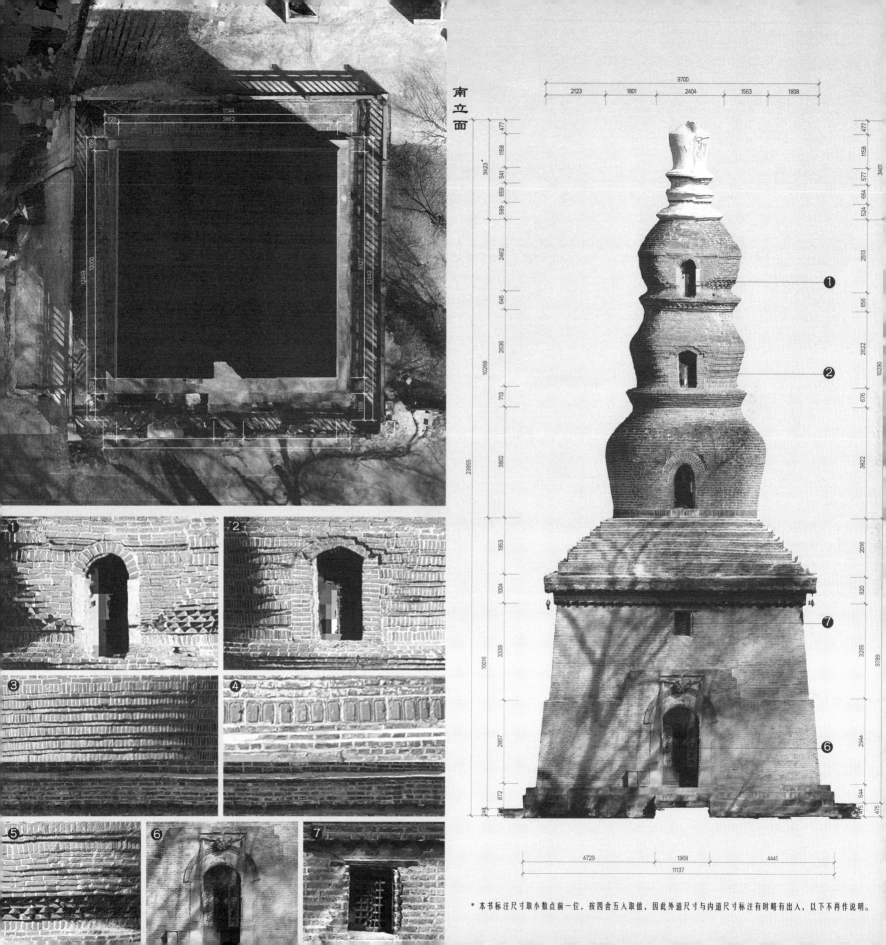

南立面

* 本书标注尺寸取小数点前一位，按四舍五入取值，因此外道尺寸与内道尺寸标注有时略有出入，以下不再作说明。

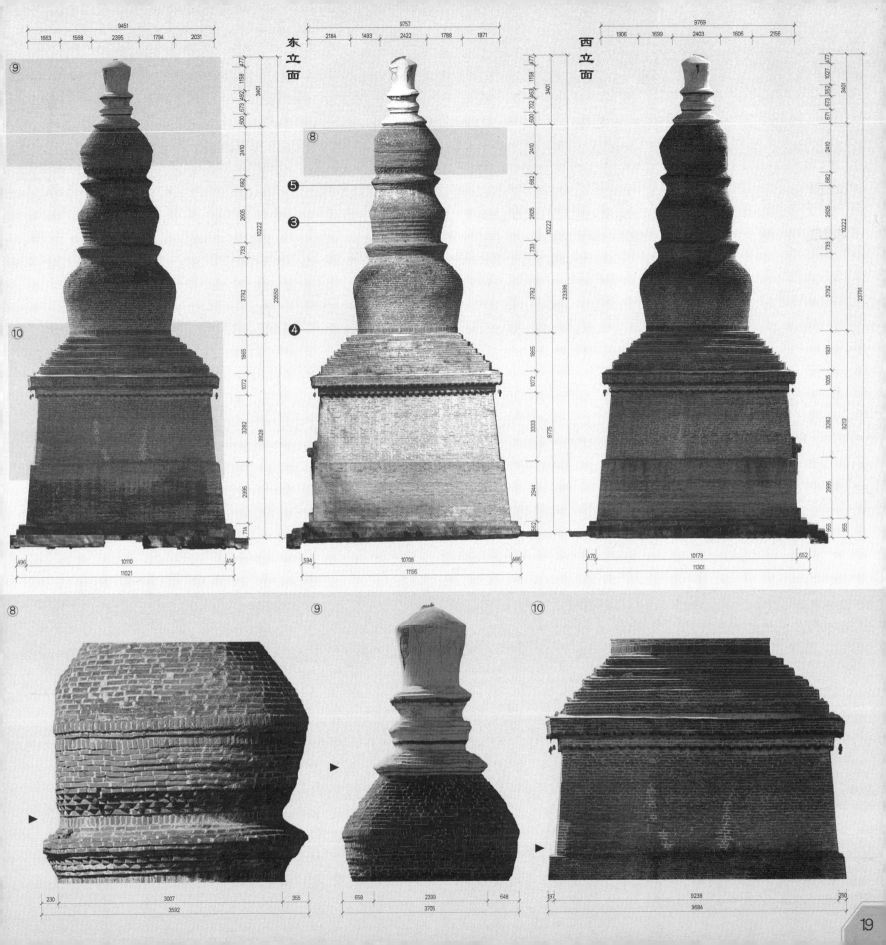

东立面

西立面

⑨

⑩

⑧

⑤

③

④

⑧

⑨

⑩

19

万寿琉璃塔

河北省承德市双桥区
41°0′35.97″N，117°56′9.38″E
2021-09-25

  万寿琉璃塔位于河北省承德市避暑山庄北部狮子沟北山南坡，皇家寺庙群中的须弥福寿之庙的后山坡。[1] 清乾隆四十五年（1780年），值帝七十寿诞，六世班禅远至承德祝寿，仿西藏日喀则扎什伦布寺建成须弥福寿之庙。寺庙坐北朝南，依山顺势。万寿琉璃塔位于寺庙中轴线北端高坡上。塔通体饰琉璃面砖，华美雅丽，因而得名。1961年3月4日，被国务院公布为第一批全国重点文物保护单位。

万寿琉璃塔为八角七级仿楼阁式琉璃实心塔，塔座设副阶周匝，舒展稳重，塔身挺拔，华丽灵秀。由台基、塔座、塔身、塔刹四部分组成。万寿琉璃塔坐落于方形坛状台基之上，灰红色条石砌，上置红色矮墙，高大粗犷，南面砌石踏步可至塔廊。台基上置双层八角须弥座，首层宽大，上缘施汉白玉石雕栏杆，秀丽精美；二层须弥座收于副阶环廊之内较多，其上置塔座主体。塔座主体结构复杂，先于中央筑八角石质心柱，周设拱形回廊，再外砌八边环形石墙。墙东、南、西、北四面辟拱门，以台阶连接其内环廊于首层须弥座表面。塔座八面外壁，由正南始顺时针置高浮雕无量寿佛、不空成就、无量光佛、宝源佛、不动金刚、大日如来、不动金刚、无量寿佛，并饰佛龛、

纹样等浮雕，气势宏大，氛围浓重。[2]

再于首层须弥座上、塔座主体外围做木质副阶周匝，环覆基座形成檐廊。檐柱各面三间，明间大，次间窄，檐下施垂莲柱饰，檐上置黄顶绿剪边八角琉璃瓦顶。整个塔座形制复杂，构件多样，装饰繁复，艺术价值极高。廊檐顶上砌八角石质平座，施石栏杆，如意挂落。平座中央再砌黄、绿琉璃须弥座，座上周边施琉璃栏杆，上承七级琉璃楼阁样式塔身。塔身各层收束甚小，挺拔俊丽。塔身各层饰黄色琉璃仿木柱、枋，上施绿色多攒斗栱，短挑檐，柱间饰绿色琉璃墙砖。各层每面墙身中央设尖券佛龛，置无量寿佛雕像，寓意万寿无疆。屋顶八角攒尖琉璃顶。上承多层琉璃须弥刹座，华丽繁复，黄色琉璃宝珠，饱满圆润。

[1] 天津大学建筑系，承德市文物局. 承德古建筑 [M]. 北京：中国建筑工业出版社，1982.
[2] 陆琦. 承德须弥福寿之庙 [J]. 广东园林，2022，44（6）：97-100.

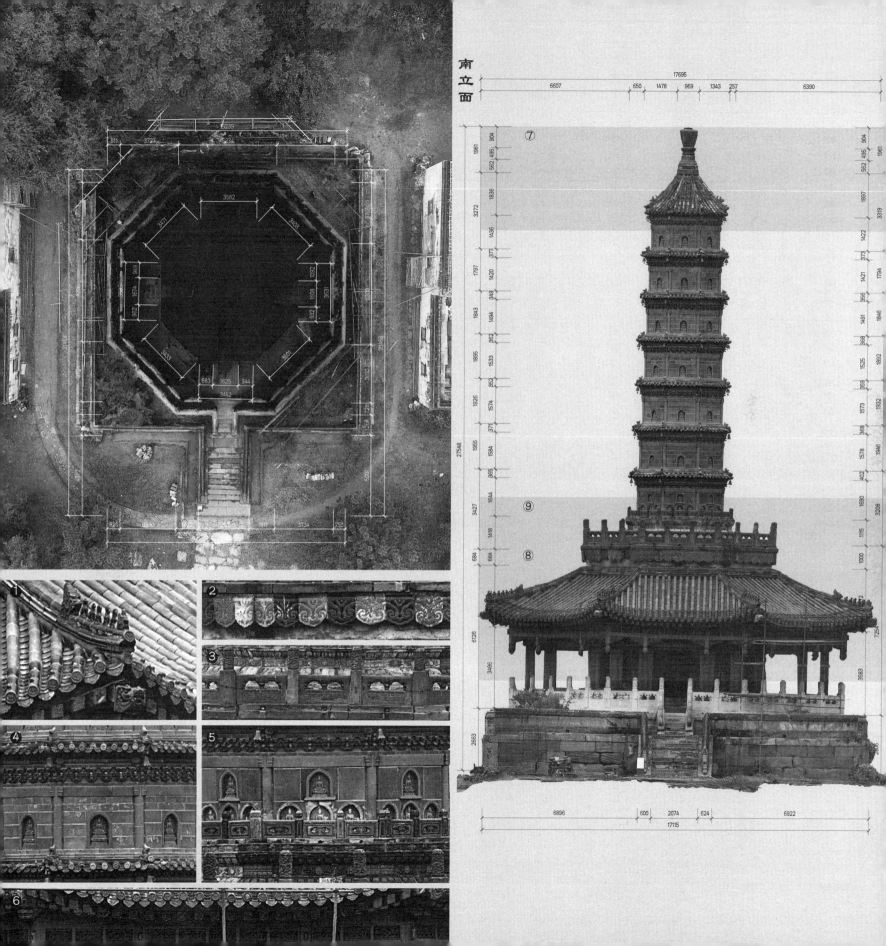

南立面

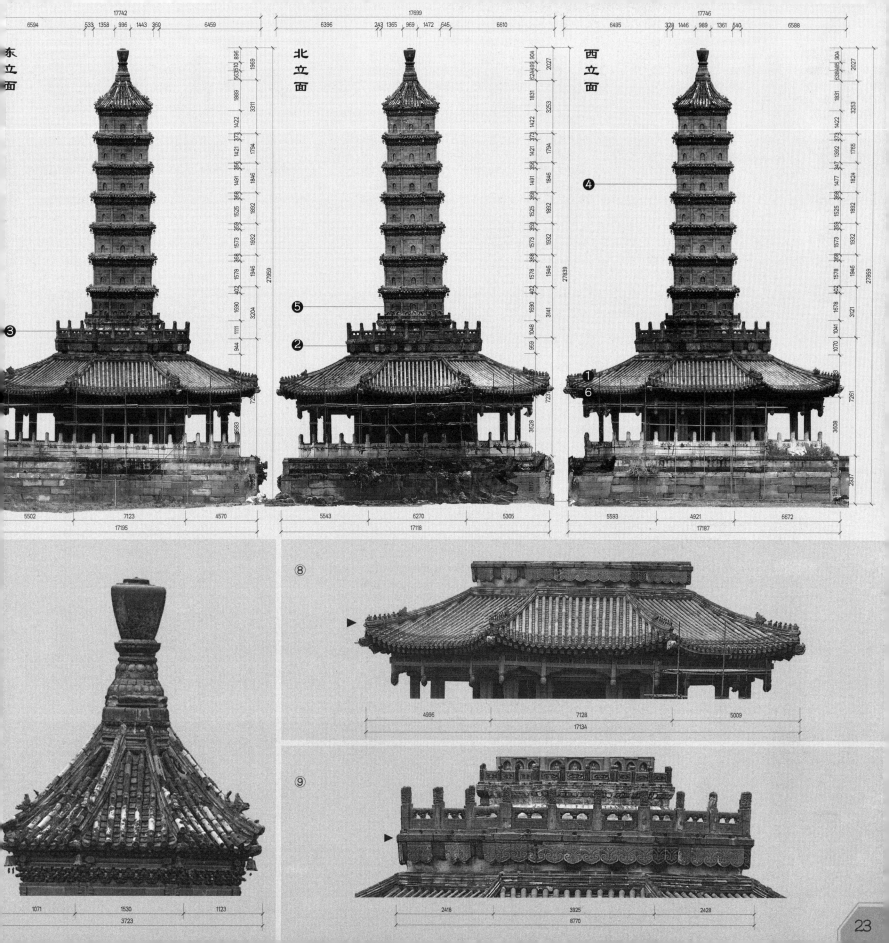

东立面

北立面

西立面

⑧

⑨

23

永佑寺舍利塔

河北省承德市双桥区
40°59'50.43"N, 117°56'24.07"E
2021-09-26

　　舍利塔位于河北省承德市避暑山庄内平原区东北部永佑寺内，东近武烈河。永佑寺坐北朝南，庄重严正，舍利塔位于寺庙中轴线北部。舍利塔始建于清乾隆十九年（1754年），至乾隆二十九年（1764年）竣工。仿杭州六和塔和南京报恩寺塔，建塔以报母恩，[1]又称六和塔。1961年3月4日，被国务院公布为第一批全国重点文物保护单位。

舍利塔为八角九级砖石空心楼阁式塔。塔座外围施副阶周匝，舒展稳重；塔身高大，自下而上收进显著，各层高度逐层减小，整体锥形收分一气呵成，粗壮魁伟，气势恢宏。塔由塔座、塔身、塔刹三部分组成。塔座汉白玉八角须弥座，南面置石砌踏步可达塔廊；塔座北部延伸形成小型方座，中立石碑，南刻《永佑寺舍利塔记》，北刻《避暑山庄百韵诗序》。塔座雕刻精美，须弥座上施螭首，束腰饰椀花结带，下置圭角，上施栏杆。塔座中央再筑八角小塔座，收于檐廊之内，内劈拱券石门，可至塔内悬折木梯登塔。小塔座主体外围做木质副阶周匝，环覆基座成檐廊。檐廊各面三间，宽度均衡。檐下施垂莲柱饰，绘彩画。檐上置黄顶绿剪边琉璃瓦顶。整个塔座形制复杂，构件多样，装饰繁复，艺术价值极高。檐廊上承八角石质平座，施石栏杆，挂如意垂板。平座上承九级砖石楼阁式塔身。砖砌主体，磨砖对缝，简朴素雅。各层做仿木砖柱、石枋，柱间墙面中央交替置拱形门、窗洞，内置暗红色门、窗。墙身上施仿木绿色琉璃斗栱，单踩单昂斗栱。上施琉璃塔檐，挑檐短窄平直，仅角部稍起翘。屋檐鲜亮堂皇，墙身素面古拙，华丽与古朴浑然一体。屋顶施八角攒尖琉璃顶。塔刹为镏金铜铸，刹座装饰繁复，刹身修长，相轮层叠，顶部置火焰宝珠。舍利塔文化气息浓郁，周身匾联题刻。塔廊匾额题：妙莲涌座；其余九层依次为：初禅精进、二谛起宗、三乘臻上、四花宝积、五智会英、六通普觉、七果圆成、八部护持、九天香界，塔内各层供奉佛像。[2]

[1] 于佩琴. 承德永佑寺舍利塔八方楹联赏读 [J]. 承德民族师专学报, 2011, 31 (3): 13-15.
[2] 罗哲文. 中国古塔 [M]. 北京: 北京人民出版社, 2020.

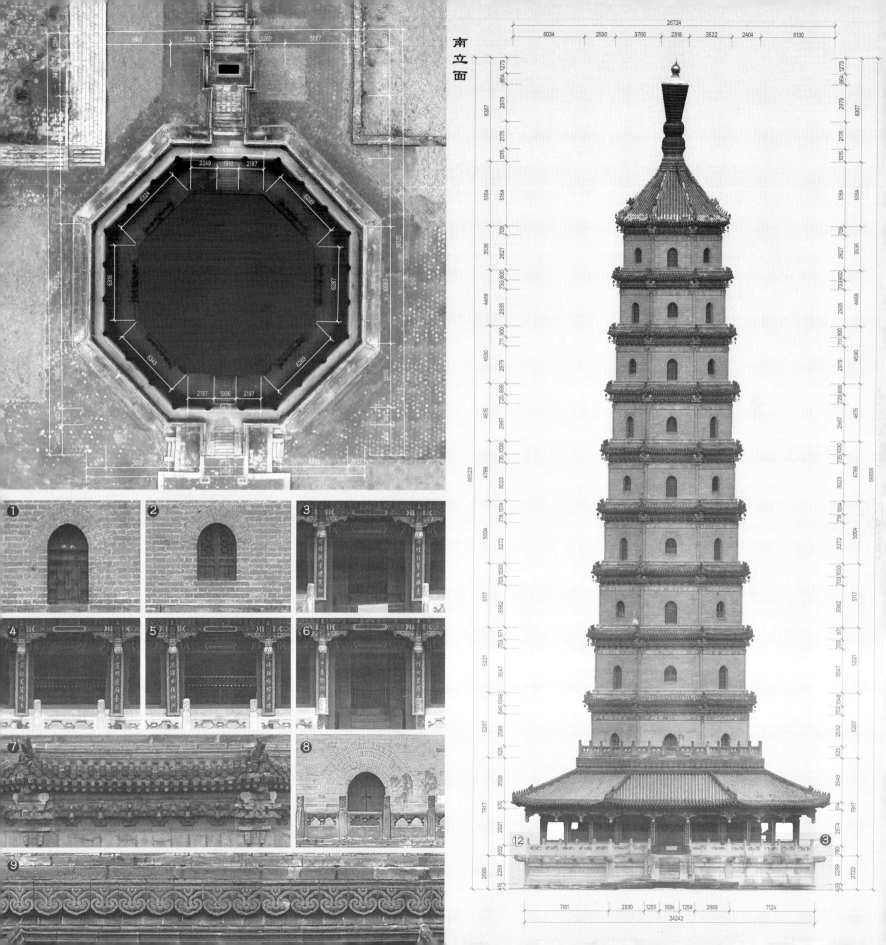

南立面

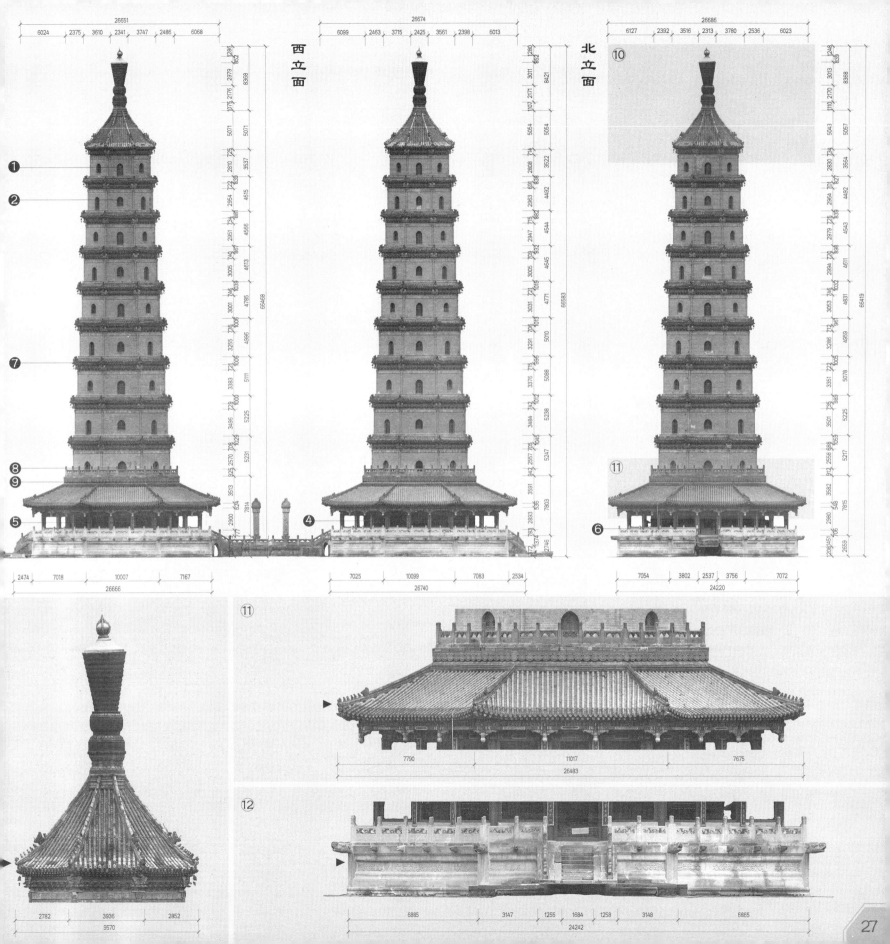

西立面

北立面

⑩

⑪

⑫

27

瑞云寺塔

河北省张家口市赤城县
40°54′15.21″N，115°44′49.01″E
2019-11-16

　　瑞云寺塔位于河北省张家口市赤城县孙家庄村西偏南，温泉沟北山南坡下，温泉度假村内。瑞云寺始建于明宣德五年（1430年），清代多次修缮，现寺毁塔存。塔为僧人墓塔，原塔名失。瑞云寺塔所在温泉沟"汤泉"名誉天下，因而又名温泉塔。《赤城县志》载："康熙十一年正月，上出居庸关奉太皇太后幸温泉行宫"，行宫"屋两层，各三间"。[1] 2008年10月23日，被河北省人民政府公布为第五批省级文物保护单位。

瑞云寺塔为六角七层密檐弧面砖塔。塔体高度适中，整身自下而上收回舒缓，端正紧致。塔体各面横向弧面，弧形显著，檐角尖挺，硬朗俊劲。曾施白灰皮饰面，多已剥落，斑驳沧桑，由塔座、塔身、塔刹三部分组成。塔座原为砖砌须弥座，后石砌加固。现为砖包素砌六角塔座，座面上沿仅施线脚。座上中央施三层仰莲，形态舒展，雍容华丽。座上置一层塔身，身高且带收分。转角置砖雕幢式小塔饰。小塔须弥塔座，收腰施壶门，仰莲座、经幢、七层密檐、宝珠刹一应俱全，端庄秀丽。一层各面墙身中部施盲窗，饰双交四椀带

花、斜棱万字符，菱形错槎砌凹龛等，形式多样，造型精美。檐部施砖雕仿木普柏枋，枋下雕云纹垂花饰，枋上承双抄五铺作斗栱，转角科出斜栱。斗栱直接承叠涩出檐，无橼瓦。檐口单匹砖砌，纤薄轻丽。首层塔檐之上累叠六层密檐，形制一致。各层塔身短矮，出檐纤薄。塔身施砖雕仿木柱、枋，每面三柱两间，柱间置壶门，每面两个。檐口施斗栱，仿木斗口跳式，直接承叠涩檐，转角科施斜栱。屋顶叠涩砌六角锥形坡顶，高大硬朗。上承塔刹，仰莲托仿覆钵六角棱台，为后世修葺形态。

[1] 孟思谊. 赤城县志（全）[M]. 据清乾隆十三年刊本影印. 台北：成文出版社, 1968.

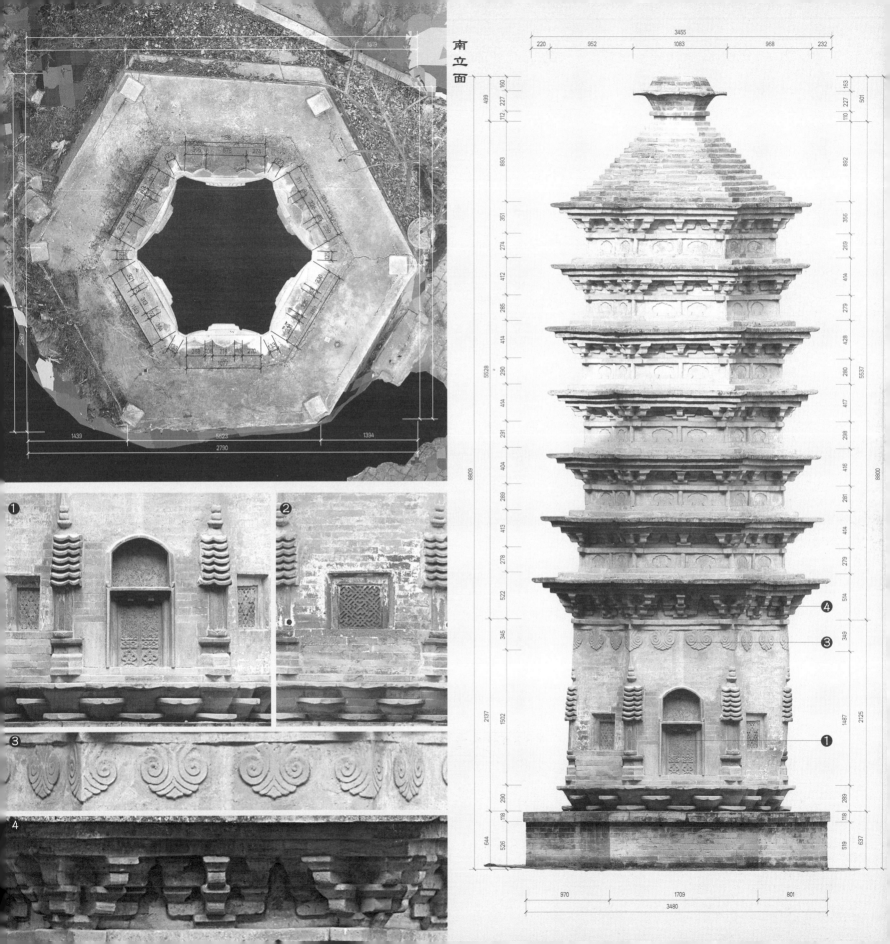

南立面

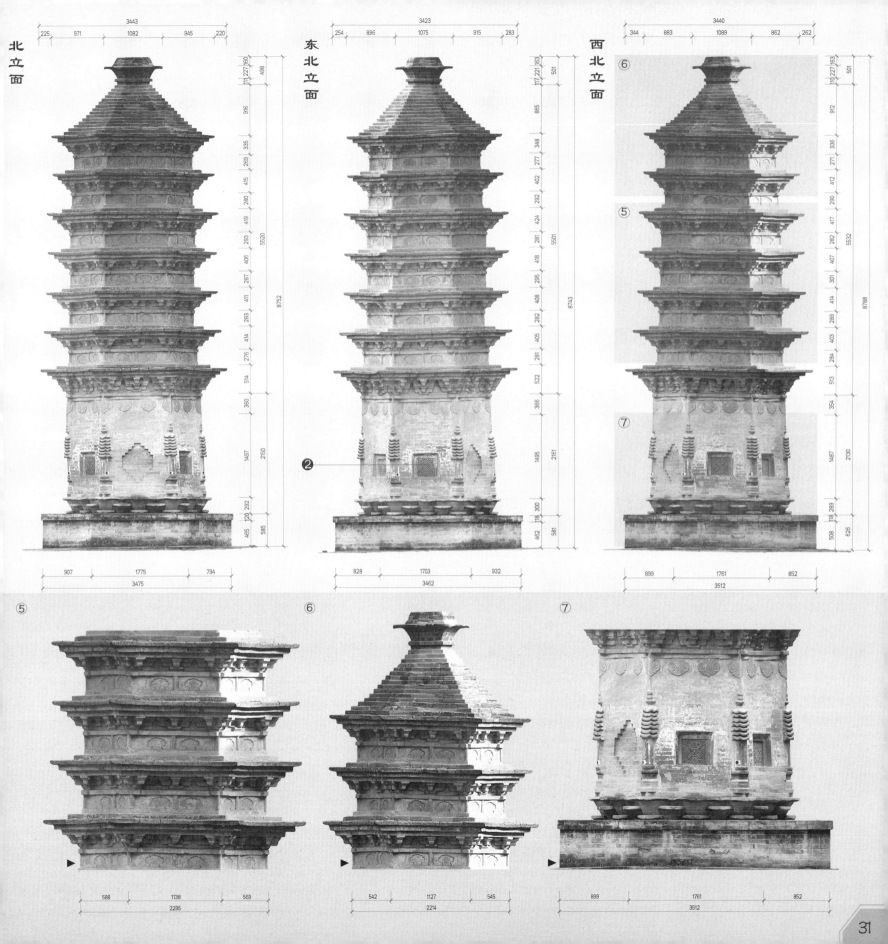

北立面

东北立面

西北立面

⑤ ⑥ ⑦

重光塔

河北省张家口市赤城县
40°47′3.04″N，115°34′27.02″E
2019-11-09

　　重光塔位于河北省张家口市赤城县龙关镇卫生院南部，原龙关古城内北部，唐代所建华严寺内。明初毁损，仅存半层残塔，掩于野草之中。明正统十一年（1446年），后军都督杨洪于原址复建寺院，重修宝塔。英宗敕赐寺名"普济"，塔名"重光"，以铭记收复塞外失地。[1]除佛教功用，重光塔兼具值守龙关城边塞要冲的军事瞭望功能，为旧龙关八景之一。2013年3月5日，被国务院公布为第七批全国重点文物保护单位。

重光塔为八角五级楼阁式塔。塔身底层宽大粗壮，向上逐层快速收进。整体高大敦重，魁伟恢宏，由台基、塔身、塔刹三部分组成。塔坐落于宽大毛石砌筑的八角台基之上，南、北面置石砌踏步可达一层塔身。一层塔身素砌带收分，檐部做仿木砖构件，普柏枋、铺作、瓦当、小跑一应俱全。斗栱双抄五铺作，转角科施斜栱，精美华丽。檐上布瓦置平座，以单抄四铺作斗栱承托，无栏杆，素雅纤细。二至五层形制相仿。各层均置拱门两个，一、三、五层位于南、北面，二、四层位于东、西面。其余各面施红色直棂盲窗。

三、四、五层设瞭望孔，各面二至五孔不等，共26个。孔长方尖顶，孔道直长狭窄，直通室内环廊。五层拱门上嵌汉白玉石匾，书"大明敕重光塔"。塔刹形制独特，构件丰富。雕花须弥刹座，上施砖砌饱满覆钵刹身。四面置壶门深龛，内施佛像。上置短矮塔脖，承托八角兽首宝盖。塔顶置宝珠铁刹，浑圆硕大。塔内部塔心砖砌螺旋状台阶，顺阶而上，可至各层。由塔心楼梯，经券门可至各层环廊，环廊两侧内壁绘佛教主题壁画，彩绘施金，气氛浓重。环廊向外可瞭望，周边情景尽收眼底，满足值守边塞要冲的军事瞭望需求。

[1] 招念慈. 龙门县志·艺文 [M]. 广州：广州汉元楼，1936.

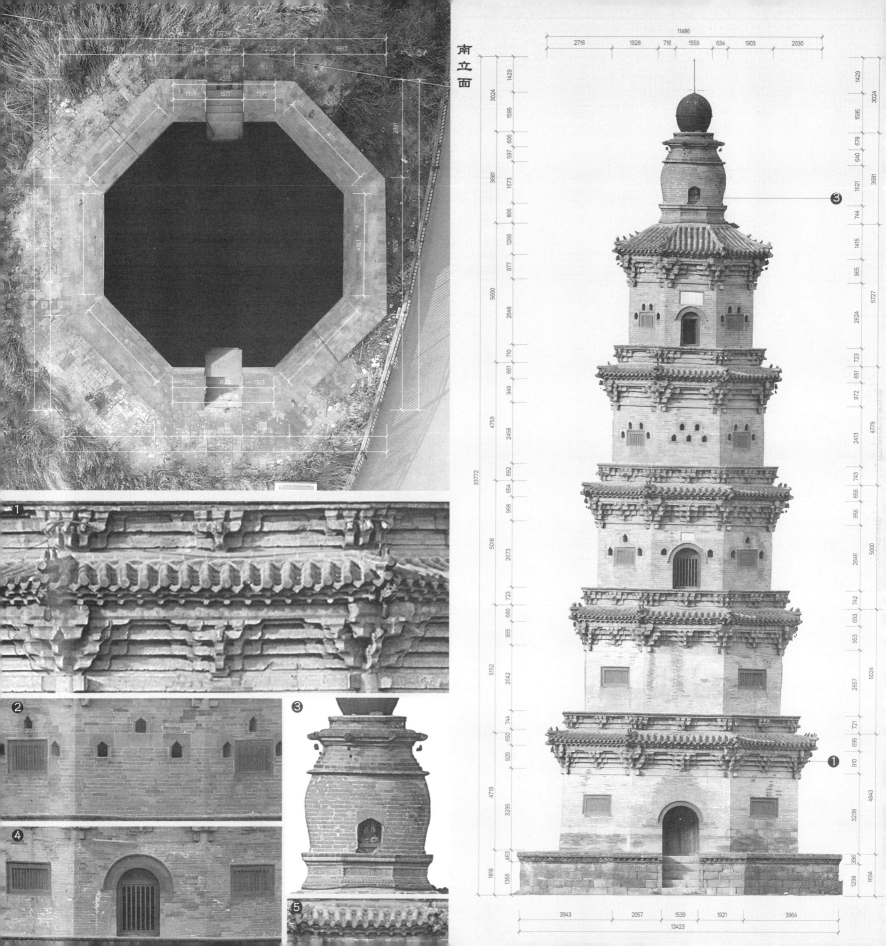

南立面

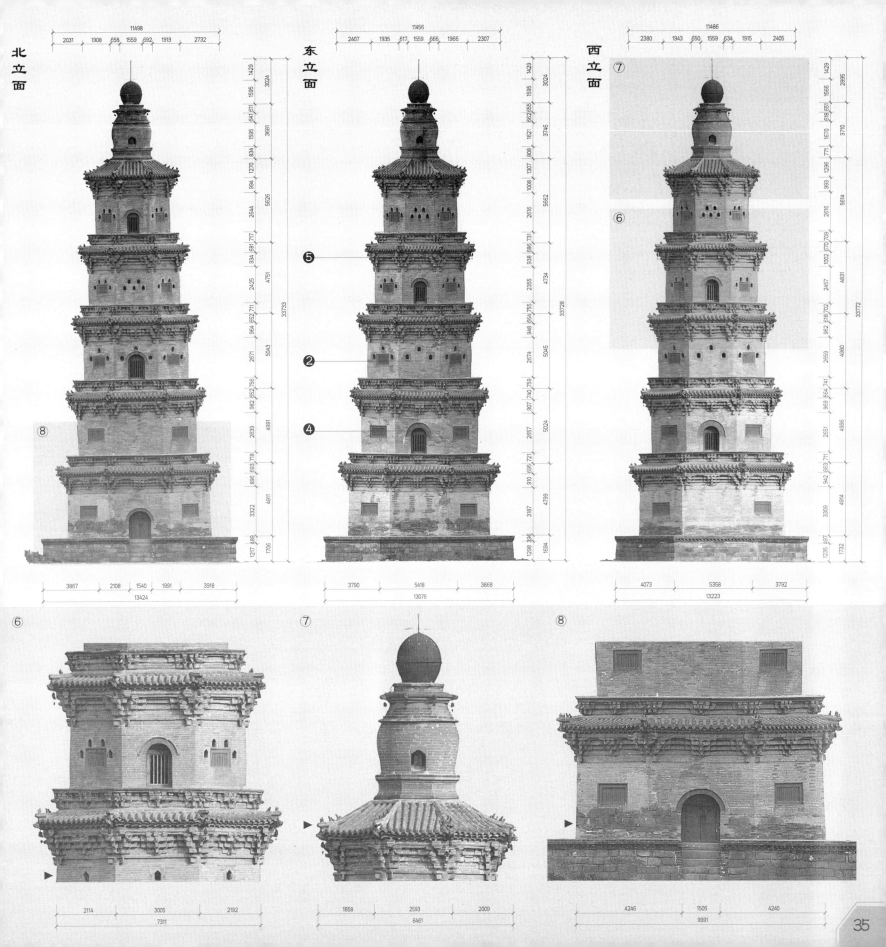

北立面

东立面

西立面

⑥

⑦

⑧

佛真猞猁迤逻尼塔

河北省张家口市宣化区
40°35'25.26"N，115°52'45.4"E
2024-02-15

佛真猞猁迤逻尼塔位于张家口市宣化区塔儿村乡塔儿村西北角，平缓山麓的慢坡台地上，南眺寨山梁，北览洋河川，始建于辽天庆七年（1117年）。一层做龛，内嵌方砖，阴刻"佛真猞猁迤逻尼塔""维天庆七年岁次"字样，因而得名。[1]"佛真"谓之佛祖真身，"猞猁"同舍利，"迤逻尼"意代《迤逻尼经》。塔为比丘尼墓塔。2013年3月5日，被国务院公布为第七批全国重点文物保护单位。

　　佛真猞猁迤逻尼塔为六角十三层密檐实心砖塔。塔身收束硬朗，高挑挺拔，修长俊丽。曾施白灰皮饰面，多已剥落，斑驳沧桑，由基坛、塔座、塔身、塔刹四部分组成。塔坐落于高大基坛之上，原有基座毁损，现基坛为当代修造，宽大敦厚，施石质栏杆。南面置数段长台阶，循级而上达坛面。原塔座亦毁损，现为青色砖、石砌六角两层素塔座，南面置台阶，可至塔门（亦为新做）。塔座之上置塔身，通体砖砌。一层塔身高大，六角置雕砖仿木圆柱，柱间上部雕阑额，其上施砖雕斗栱，双抄五铺作计心造，二跳上置替木。塔檐微曲，柔和舒缓，角部起翘。出檐短薄，檐下砖雕仿木圆椽。一层南、北面辟门，正面门楣上置龛，嵌塔铭。其余各面雕直棂盲窗。一层之上为十三层密檐，以叠涩砌出。檐端单匹砖厚，精致素雅，亦纤薄脆弱，现多数塔檐掉落损毁。各层密檐角部以木梁承托，协助出挑，现檐砖坠落，木梁暴露，多腐朽。各层密檐间塔身矮壁周雕仿木如意挂落。塔刹青砖素砌双层仰莲，首层高大敞阔，二层含苞半放，上托硕大宝珠，风化开裂。

[1] 邓幼明. 张家口丰富的文物 [M]. 北京：党建读物出版社，2006：114-115.

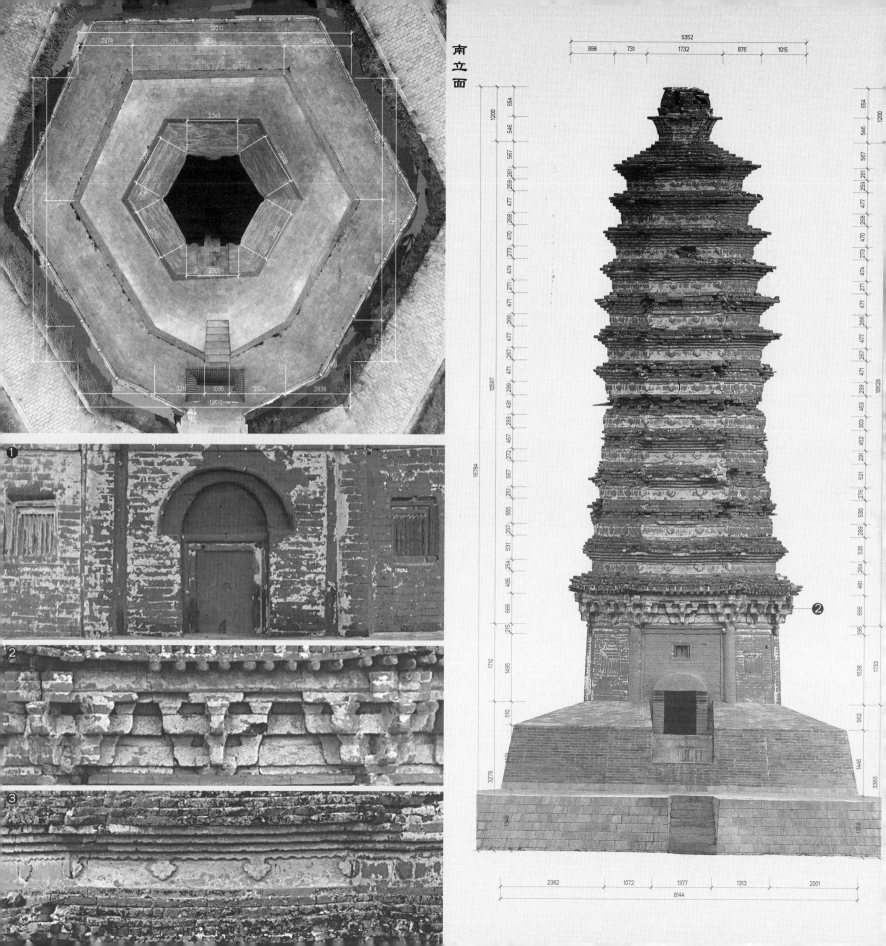

南立面

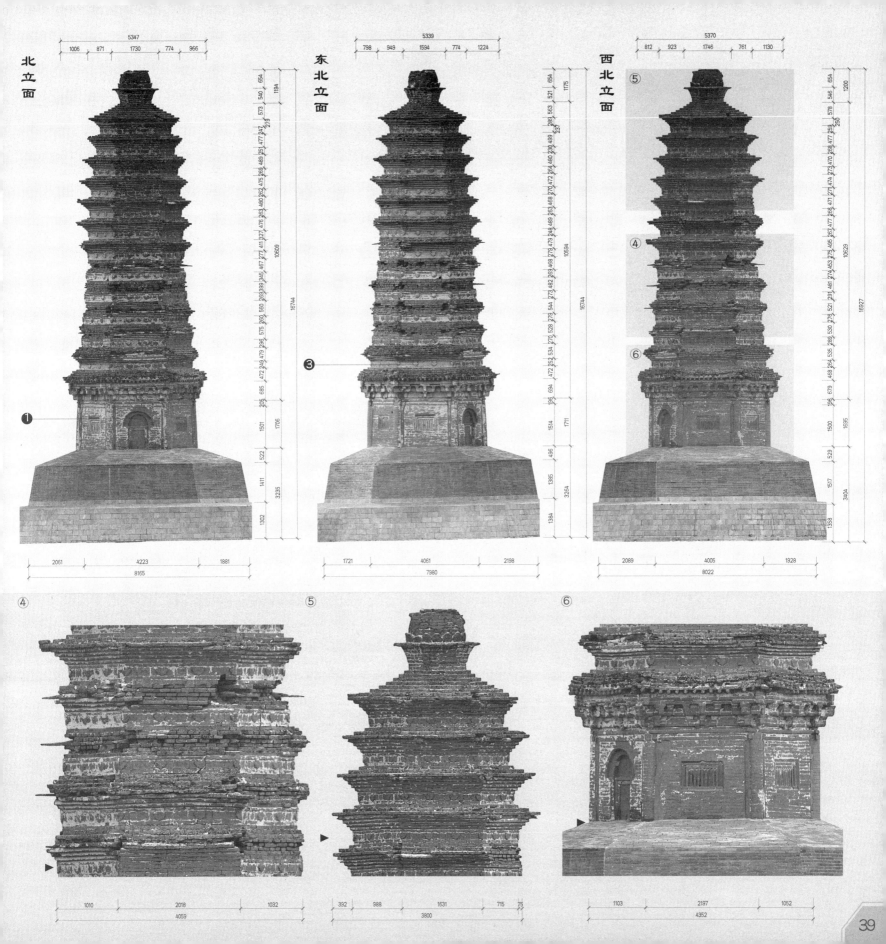

北立面

东北立面

西北立面

柏林寺塔

河北省张家口市宣化区
40°21′5.81″N, 115°0′5.81″E
2019-11-02

柏林寺位于张家口市宣化区崞村镇柏林寺村西南山坳之中，柏林寺千佛洞东天然巨石之上，始建于唐至德年间（756—758年）。明正德七年（1512年）重修并立碑记。明嘉靖十五年（1536年）刻建柏林寺塔。[1]塔以巨大山石为胎，从其顶部凿刻而出，以纪念88位佛教圣僧，又称多宝佛塔。佛塔鬼斧神工，浑然天成，被誉为"京西第一石塔"。2013年3月5日，被国务院公布为第七批全国重点文物保护单位。

　　柏林寺塔为八角五层天然石雕多宝佛塔，由塔基、塔身、塔刹三部分组成。佛塔一至四层均由一块天然巨石上部雕凿而成，五层以同色石块砌筑，塔刹另雕后置；下部保留巨石原貌塔基，并于其下部凿建石窟。塔基粗犷浑厚，塔身精细俊秀，同出一石，巧夺天工。塔身五层，仿木楼阁式塔，柱枋、斗栱、椽瓦、平座一应俱全。塔身各层雕佛像，神态各异，栩栩如生，古朴沧桑。首层线刻梁柱，浮雕一斗三升。柱间墙面置壸门佛龛，内雕仰覆莲座，三佛并坐。挑檐平直，檐角起翘，施仿木方椽。屋脊中置莲花，端部施螭吻。檐上置二层平座，以薄直线脚寓之。二至五层柱枋、椽瓦、屋脊、装饰等与一层相似，但各层斗栱与雕像形式迥异。二层柱头斗栱均为一斗两升。柱间除

一斗两升外，做重栱，即先置小型一斗两升，后左右散斗上再叠一斗两升，形式灵巧。更为特殊的是，一斗两升均用枅（jī）乃至双枅。本层柱间置方形佛龛，各面佛像多变，施三佛并座、弥勒佛、释迦牟尼等雕像；三层为一斗两升，水平舒展，但枅出头端部雕卷窝。各墙面施双佛龛，内置佛像各不相同，栩栩如生；四层檐部较薄，斗栱形制复杂，线条重叠不清，但以一斗两升为主，兼有二层重栱迹象；五层斗栱施重栱，一斗双栱举两升（或多升），其上散斗再承栱，栱上再承枋，无散斗。本层佛像风化严重。塔刹通体石质，呈五轮塔状。[2]三层仰覆莲刹座，上叠双层球状刹身与塔檐，交替出现，刹顶仰莲承宝珠。

[1] 梁纯信. 张家口各异的古寺庙 [M]. 北京：党建读物出版社，2006：39-40.
[2] 张驭寰. 中国塔 [M]. 太原：山西人民出版社，2000.

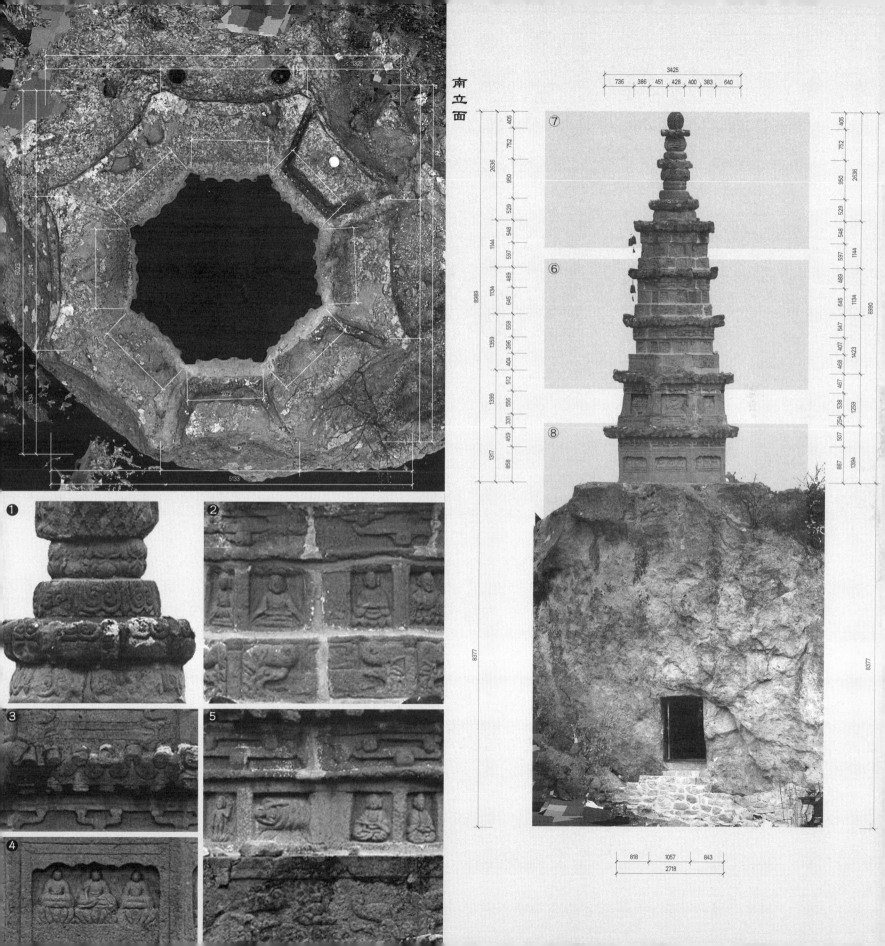

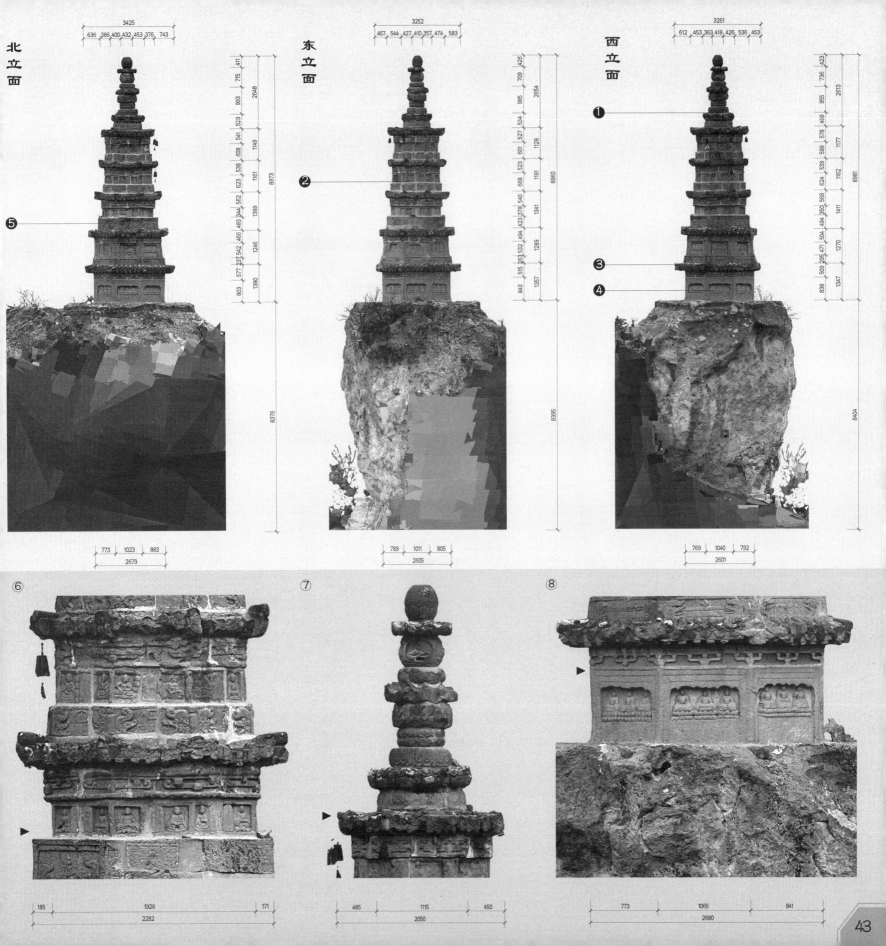

北立面

东立面

西立面

⑥ ⑦ ⑧

镇水塔

河北省张家口市涿鹿县
40°11′39.04″N，115°2′25.67″E
2019-11-04

　　镇水塔位于张家口市涿鹿县武家沟镇张家河村南约3公里的崇山峻岭深处，常家梁东塔沟一条东西向山谷北山南坡中部，南临深沟，群山环绕，人迹罕至；建于辽代，无塔铭，确切修造年代不详。塔身倾斜严重，塔内下部中空，内有井，现已填。据村民口述，古代此处山洪水患严重，为镇压山洪暴发而建此塔，因而得名镇水塔。1993年7月15日，被河北省人民政府公布为第三批省级重点文物保护单位。

　　镇水塔为八角七层实心仿楼阁式密檐砖塔。整塔粗壮硕大，倾斜严重。一层宽大敦实，收分不显著。各层迅速收进，且高度相近，仅顶层突变，迅速缩短。整塔下粗上细，锥状硬朗。曾施白灰皮饰面，多已剥落，斑驳沧桑，由塔座、塔身、塔刹三部分组成。双层塔座，下座为砖石混合砌筑，毁损严重。现为后期修缮，虽新砌抹面，亦破损显著。座面倾斜、饰面掉落，暴露原塔大砖、刻花矮石柱，以及新砌红砖等构件。上座置须弥塔座，塔座为后期修缮，上下枋简单线脚，素灰抹面。束腰做水平长方形凹龛，内嵌方锦花格饰。座上承一层塔身，仿木结构，生动精美。转角施抹角倚柱，柱间置仿木抱框、下槛、中槛、槛墙、榻板及盲门窗等构件。东部墙面置仿木圆券门，南、北、西三面则施假券门，门框、门簪、门槛一应俱全。四隅面中间饰直棂盲窗。据附近村民口述，原塔各面满工雕饰，东、西置拱券真门，现均以水泥满铺抹面，仅个别部位暴露原砖。柱端置水平仿木阑额和普柏枋，上施斗栱，三抄六铺作计心造，用替木。角铺作出斜栱。上承反曲檐部，出檐短小，檐角起翘。做仿木撩檐枋、檐椽、飞子，叠涩屋顶，无瓦。二至七层形制与一层相似，檐部反曲起翘，出檐短小。但仿木斗栱、阑额等构件较一层简素。阑额特异，高厚细致，施水平直棂细刻纹。上置普柏枋，承斗栱，斗口跳式，用替木。转角铺作出斜栱。七层塔檐、屋顶破损严重，塔刹无存。

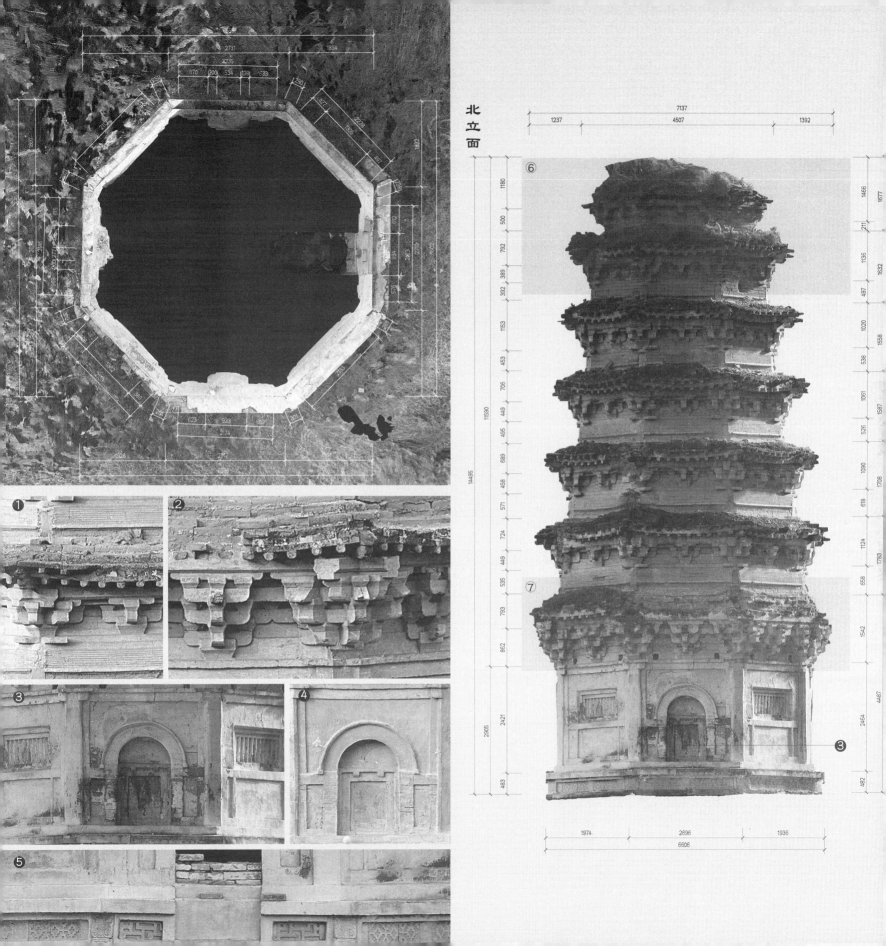

北立面

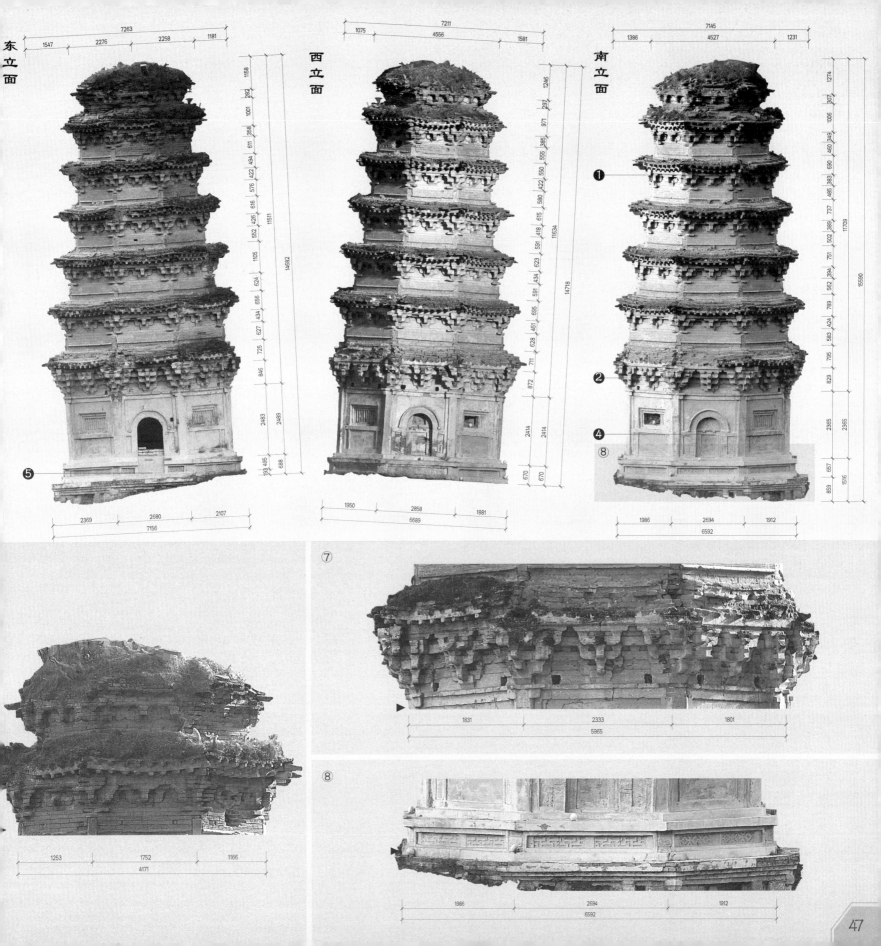

东立面

西立面

南立面

47

燕峰山炬禅师灵塔

河北省张家口市涿鹿县
40°5′9.78″N，115°29′32.72″E
2020-09-24

炬禅师灵塔位于河北省张家口市涿鹿县矾山镇塔寺村村北燕峰山半山腰。北靠燕峰山，南眺灵山主峰，周边群山环绕，形势俱佳。金正隆三年（1158年）始建。据村民口述传载，炬禅师灵塔为纪念看守南蚩尤墓的老僧而建。南蚩尤墓位于塔东南部临近山坡上，现存墓碑记由涿鹿县人民政府于2010年4月立。2001年2月7日，被河北省人民政府公布为第四批省级文物保护单位。

　　炬禅师灵塔为六角五层密檐实心砖塔。塔身收分甚小，塔檐内收稍强，檐口平直。整塔端正敦厚，直率硬朗。曾施白灰皮饰面，多已剥落，斑驳沧桑，由台基、塔座、塔身、塔刹四部分组成。塔直接坐落于台地之上，台地微倾并置台阶，致台基南北地坪高度不一。塔座单层须弥座，雕刻华丽，施斗栱平座。座下枋及圭角部位因毁损，现以水泥满抹面，不见细节。束腰上下置线脚，转角和各面中间置花柱，柱面饰宝相花、兽首纹等。柱间施方长壶门龛，内再雕扁圆壶门框，内嵌兽面纹砖雕。束腰上施斗栱，单抄四铺作，转角斗栱带斜栱。上承平座、望柱、寻仗、栏板，栏板双层，各层雕饰不同花纹。栏板上承四层仰莲座，逐层舒展而开。一层塔身坐于莲上，六角置砖雕仿木多棱倚柱，柱头间雕阑额、普柏枋，下施如意挂落，上施砖雕斗栱，双抄五铺作计心造，二跳上置替木。檐口仿木圆檐椽、方形飞子、瓦当一应俱全，雕刻精美细致。柱间正南墙面置拱券假门，券周施二龙戏珠纹，门上雕匾内阴刻"燕峰山炬禅师灵塔"；北面置方形龛门，上雕匾，嵌铭文"金圣川造塔匠人何子祯，正隆三年七月十五日"。其余各面辟盲窗，内雕斜格、盘长纹饰。二至五层塔身较矮，高度一致。各层檐部做法类似，均以普柏枋承斗栱，但柱间斗栱略存差异。二、四层为双斜华栱，三、五层则为单华栱。原塔刹已毁，现为后修。青砖叠涩砌筑，下部两匹一挑，做枭线承接；上部单匹一收，简洁素砌。

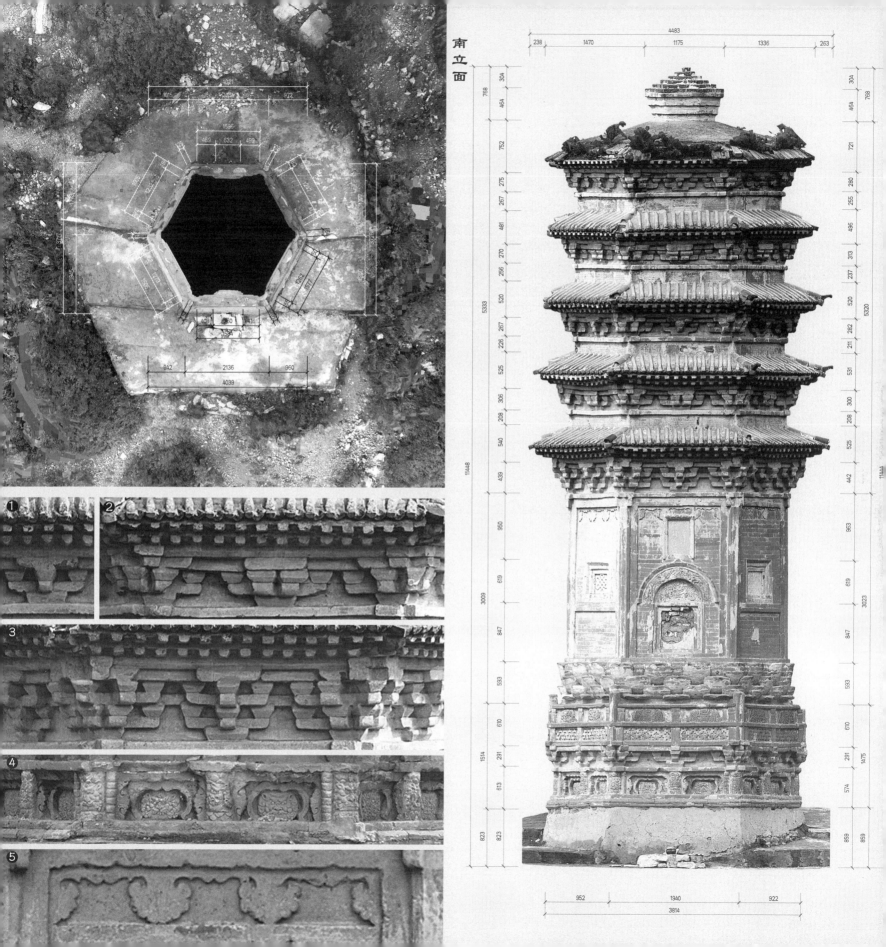

南立面

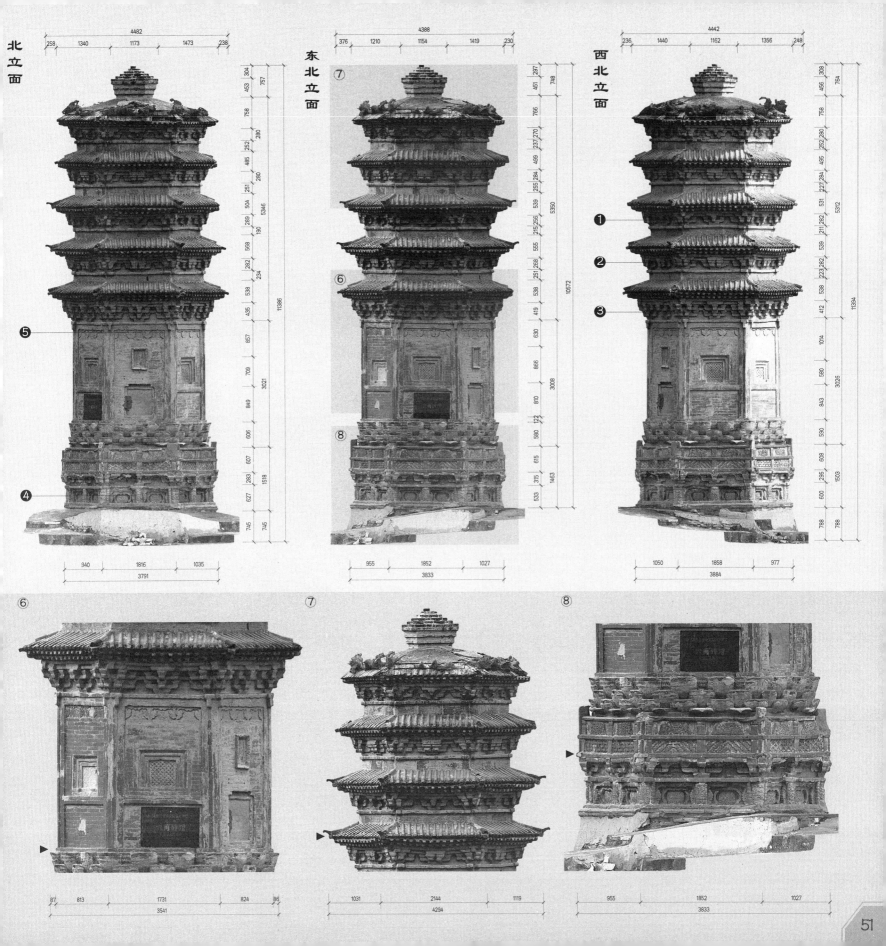

北立面

4482
258 | 1340 | 1173 | 1473 | 238

304
453 } 757
758
252 } 280
485
251 } 280
504
289 } 190
568
282 } 234
538
435
857
709
849
606
607 } 283 1518
627

5346
3021
11386

⑤
④

940 | 1816 | 1035
3791

东北立面

4388
376 | 1210 | 1154 | 1419 | 230

⑦
297
451 } 748
766
237 } 270
499
255 } 284
539
251 } 256
215
555
251 } 268
538
419
630
⑥
866
810
122
580
615
533 } 315

5350
3008
10572

⑧

955 | 1852 | 1027
3833

西北立面

4442
236 | 1440 | 1162 | 1356 | 248

308
456 } 764
758
252 } 280
495
227 } 284
531
211 } 282
539
223 } 282
538
412
1014
580
843
590
608 } 235 1503
600
788 } 788

5312
3026
11394

①
②
③

1050 | 1858 | 977
3884

⑥

87 | 813 | 1731 | 824 | 86
3541

⑦

1031 | 2144 | 1119
4294

⑧

955 | 1852 | 1027
3833

澍鹫寺塔

河北省张家口市阳原县
39°56′46.62″N，114°4′32.23″E
2019-11-22

　　澍鹫寺塔位于河北省张家口市阳原县揣骨疃镇窑儿沟村西南，衡山支脉鹫峰岭山腰台地边缘，南依巍峨群山，北眺桑干河川，得名澍鹫寺塔。唐贞元年间（785—805年）始建；清咸丰年间（1851—1861年）局部重修，[1]后寺毁塔存。现存澍鹫寺塔为辽代重建，融合唐、辽不同时期密檐式和覆钵式塔多个类型，以及张家口地区汉、蒙、藏多元文化，极其独特罕见。[2]2013年3月5日，被国务院公布为第七批全国重点文物保护单位。

　　澍鹭寺塔为八角三级密檐与覆钵组合式实心砖塔。全塔收束明显，下部敦厚宽大，上部俊锐尖丽，形势升腾。由台基、塔座、塔身、塔刹四部分组成。塔原坐落于毛石砌筑的八角锥形台基之上（今重修为三层青砖台基），南面置踏步可达二层台基面。塔座施三层须弥座，一、二层高俊，三层稍矮，逐层内收，高大敦厚。须弥座装饰华丽繁复，三座各层上枋以叠涩雕双重仰莲，莲瓣硕大，造型雍容；下枋纤薄简洁（现代修葺形态）。各层束腰满饰花卉雕刻和壶门佛龛。一层束腰饰串珠花柱，饱满圆润，每面柱间辟三壶门，内原饰佛像；二层束腰高大，每面置圆形大壶门佛龛，门框刻卷草花纹饰，内原置佛像，现仅存背光刻纹；三层愈加华丽冗复，

各面置宝瓶状花柱，上施花卉、兽面等刻纹，每面柱间嵌壶门龛，内雕"佛经八宝"等饰物。塔身施三层密檐，一层塔身高大，东、南、西、北正面辟拱形门式佛龛，门上施拱形装饰，内雕盘坐佛像及花饰，精美复杂，其余四墙面均设盲窗，窗上施拱形刻饰。塔身上置三层密檐，逐层收进。各层檐部厚重，均以枭混曲线出檐，雕双层仰莲，与三层须弥塔座之仰莲上下呼应。塔身上承硕大塔刹，形制特异。半球形覆钵体，浑圆饱满，上承八角五层相轮刹脖。各层相轮间置圆形收腰，并施角柱，角柱饰花卉、文字、符号等，寓意丰富，独具特色。塔刹为白色石质，盘状仰莲刹座，托宝瓶刹身，上承桃形宝珠，挺拔俊丽。

[1] 洪汝霖，等. 天镇县志（全）[M]. 杨笃，纂. 民国二十四年重刊铅印版.
[2] 邓劬明. 张家口丰富的文物 [M]. 北京：党建读物出版社，2006：112-113.

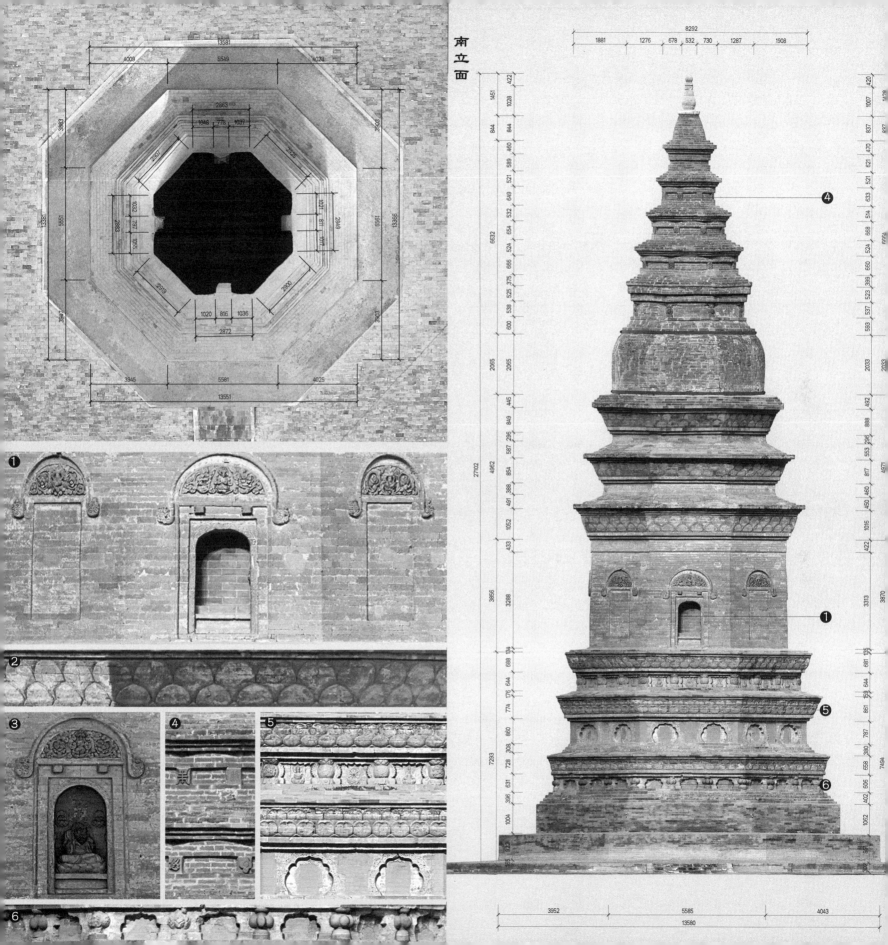

南立面

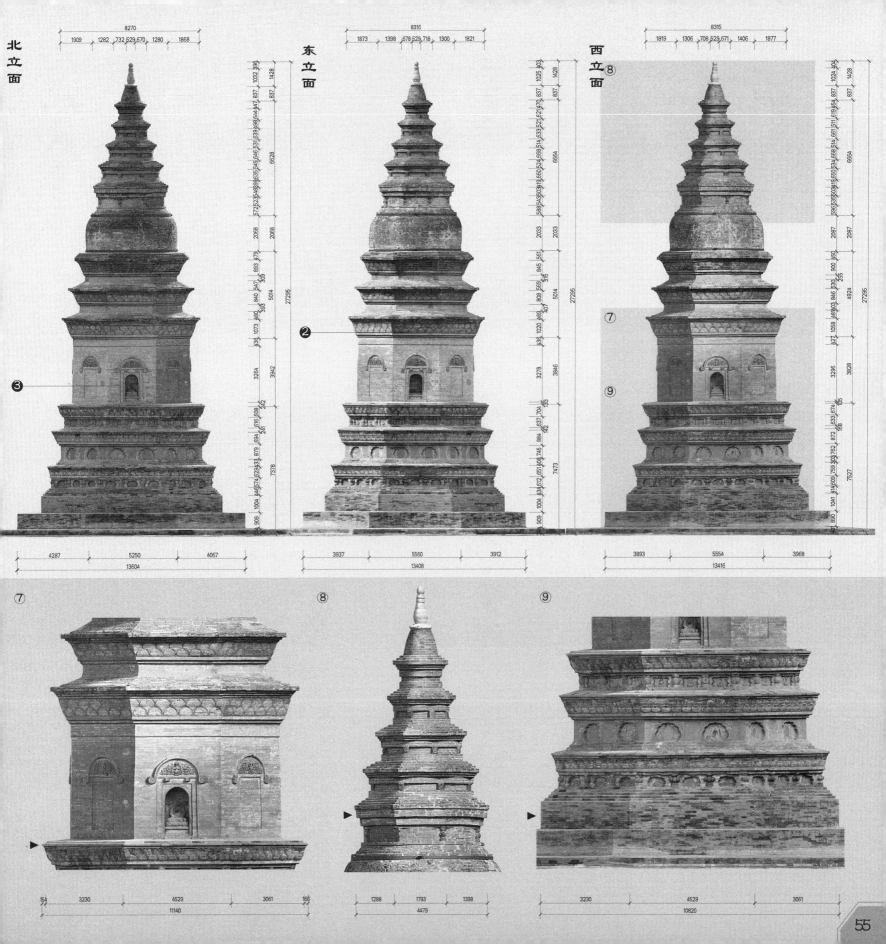

北立面

东立面

西立面

55

资中政公禅师灵塔

河北省张家口市蔚县
39°56′32.49″N, 114°57′48.25″E
2022-09-24

　　资中政公禅师灵塔位于张家口市蔚县西金河口村，小五台山金河口峪内约2公里，金河寺北部山阳凸崖平台之上。灵塔伫立崖台，群峰环拱，始建于明代，为资中政公禅师墓塔。峡谷南、北两山原有塔林一片，合称金河寺悬空庵塔群，立各朝禅师灵塔72座，现仅存5座。[1]资中政公禅师灵塔位于北塔林，现存4座墓塔。[2]2013年3月5日，金河寺悬空庵塔群被国务院公布为第七批全国重点文物保护单位。

　　资中政公禅师灵塔为覆钵式砖砌僧墓塔。整塔造型小巧秀丽，瘦俊挺拔，材料质感则古朴沧桑，由塔座、塔肚、塔刹三部分组成。塔座砖砌"亚"字形须弥座，造型繁复华美。须弥座下部甚高，逐级叠涩退台而上；上部较薄，逐级叠涩挑出；中间束腰角部置棱柱，柱间施椀花结带雕饰，形态饱满，线条流畅。座上续承叠涩退台钵座，上置硕大覆钵塔肚，形似双钵对扣，下钵高瘦正置，上钵矮粗覆扣。钵体南、北两面中部置凹龛，内嵌铭匾，南匾石质，刻"资中政公禅师灵塔"字样；北匾砖质，刻"临济正宗二十四代资中政公塔铭"，

记载禅师生平，其为明成化年敕赐清泉寺主持临济正宗第二十四代传人。塔铭由赐进士及第、中宪大夫，太常寺少卿燕国使副总裁，翰林院大学士，永新刘定之撰写："台山之阳，悬空之旁。择以佳城，为师寿藏。群峰环峙，金水沧茫。樊然芳气，胤后番昌。宿善既备，续淄生光。永昭名德，万古传扬。梵教隆显，斯塔莹煌"[1]。覆钵顶面平整，复置"亚"字形须弥刹座，体态小巧瘦俊。束腰甚高，南部内置竖长白色石铭，刻"资中政公禅师灵塔"。上置圆柱形刹身，施相轮五层，顶部托华盖，上施仰莲座，内承汉白玉葫芦宝瓶。

[1] 李薪臧，贺勇. 蔚县金河寺塔林 [J]. 文物春秋，2002（4）：48-49.
[2] 雷生霖. 河北蔚县小五台山金河寺调查记 [J]. 文物，1995（1）：64-69.

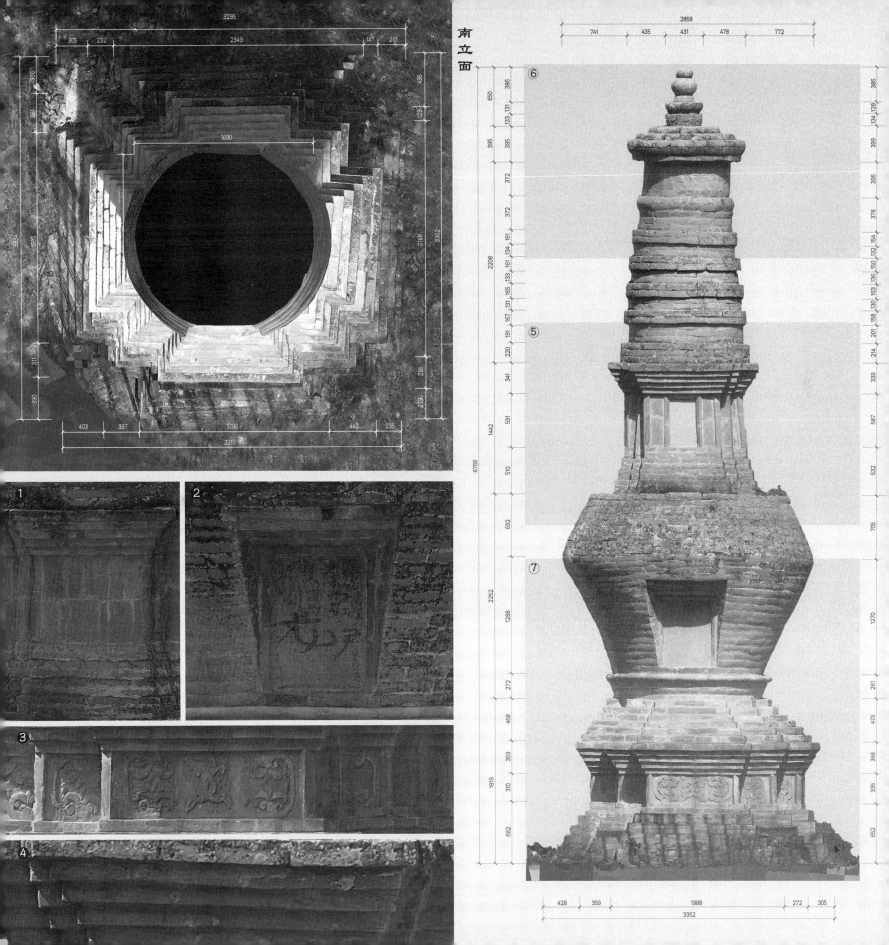

南立面

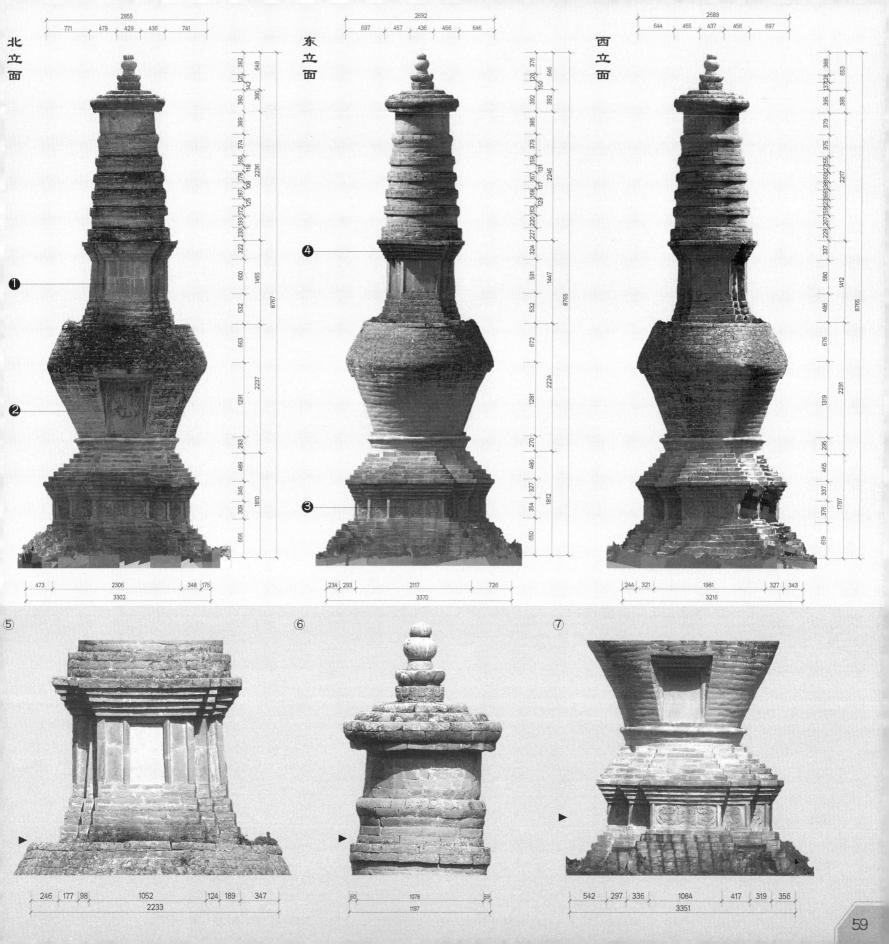

北立面

2855
771 | 479 | 429 | 436 | 741

382 | 649
125 | 142 | 380
380
389
374
178 | 160 | 2236
187 | 118 | 106
125 | 172 | 233 | 193 | 322
600 | 1455 | 8767
532
663
1291 | 2237
283
489 | 1810
345
309
666

① ②

473 | 2306 | 348 | 175
3302

东立面

2692
697 | 457 | 436 | 456 | 646

120 | 376 | 646
150 | 392
392
385
159 | 167 | 2245
168 | 117 | 131
227 | 220 | 163 | 129 | 324
591 | 1447 | 8765
532
672
1281 | 2224
270
480 | 1812
327
354
650

④ ③

234 | 293 | 2117 | 726
3370

西立面

2689
644 | 455 | 437 | 456 | 697

388 | 653
137 | 128 | 395
395
379
229 | 255 | 2217
207 | 159 | 123 | 166 | 138 | 60 | 375
580 | 1412 | 8765
496
676
1319 | 2291
295
465 | 1797
337
376
619

244 | 321 | 1981 | 327 | 343
3216

⑤

▶

246 | 177 | 98 | 1052 | 124 | 189 | 347
2233

⑥

▶

60 | 1078 | 59
1197

⑦

▶

542 | 297 | 336 | 1084 | 417 | 319 | 356
3351

重泰寺灵骨塔

河北省张家口市蔚县
39°55′24.29″N，114°28′51.47″E
2019-11-24

重泰寺灵骨塔位于张家口蔚县涌泉庄乡阎家寨村，北部一片黄土塬上的重泰寺西北部。塬上平坦开阔，周围沟谷深切。重泰寺始建于辽代；[1] 明弘治九年（1496年）真慧和尚改建，更名三圣寺；明嘉靖九年（1530年）经山西潞城王整修，更名"重泰寺"。[2] 重泰寺三教合一，以佛为主，兼具道儒。[3] 灵骨塔建于嘉靖年间（1522—1566年），承载三教合一的文化共生现象。2013年3月5日，被国务院公布为第七批全国重点文物保护单位。

重泰寺灵骨塔为覆钵式砖砌僧墓塔。整塔高度适中，饱满浑成，紧致俊朗，由塔座、塔肚、塔脖、塔刹四部分组成。台基石砌，埋于倾斜地面之下，仅在低处暴露些许。台基上承八角须弥塔座，除束腰外，通体青砖素砌。座下枋高大，各面施"凸"字形壶门，内部嵌阳刻八卦符号，每面一幅。佛塔饰八卦甚是特殊，充分体现重泰寺独特的多教融合文化属性。下枋上砌叠涩（又称反叠涩[4]）内收数匹砖至束腰。束腰部分下置砖雕圭角，各角及各面中施砖雕仿竹柱，柱间置壶门凹龛。束腰上再砌叠涩，逐层探出形成上枋。塔座上承双

层仰莲座，座薄叶小。其上托竖置蛋状覆钵塔肚，曲线硬朗，形态紧致。塔肚南面雕壶门龛，原应置塔铭，现无存。塔肚顺势向上内收，形成塔脖，曲线连续，比例匀称，浑然一体。塔脖浅雕十一层相轮，多数相轮形如扁薄覆盘，但第一和第九层相轮形制特异，断面呈环状，饱满浑圆。相轮之上置铁质塔刹，双层仰莲刹座，再叠覆莲，上承宝瓶。宝瓶形态独特，瓶体下部饰交泰刻纹，上部则为四棱桃形。阴阳交泰纹源于道教，再次体现重泰寺的文化复杂性和交融性。

[1] 蔚县地方志编纂委员会. 蔚县志［M］. 北京：中国三峡出版社，1995.
[2] 王中旭. 中国古代物质文化史 绘画 寺观壁画 明清 下［M］. 北京：开明出版社，2016：82-85.
[3] 邓幼明. 张家口丰富的文物［M］. 北京：党建读物出版社，2006：82-83.
[4] 王南. 规矩方圆 浮图万千——中国古代佛塔构图比例探析（下）［J］. 中国建筑史论文汇刊，2018（1）：241-277.

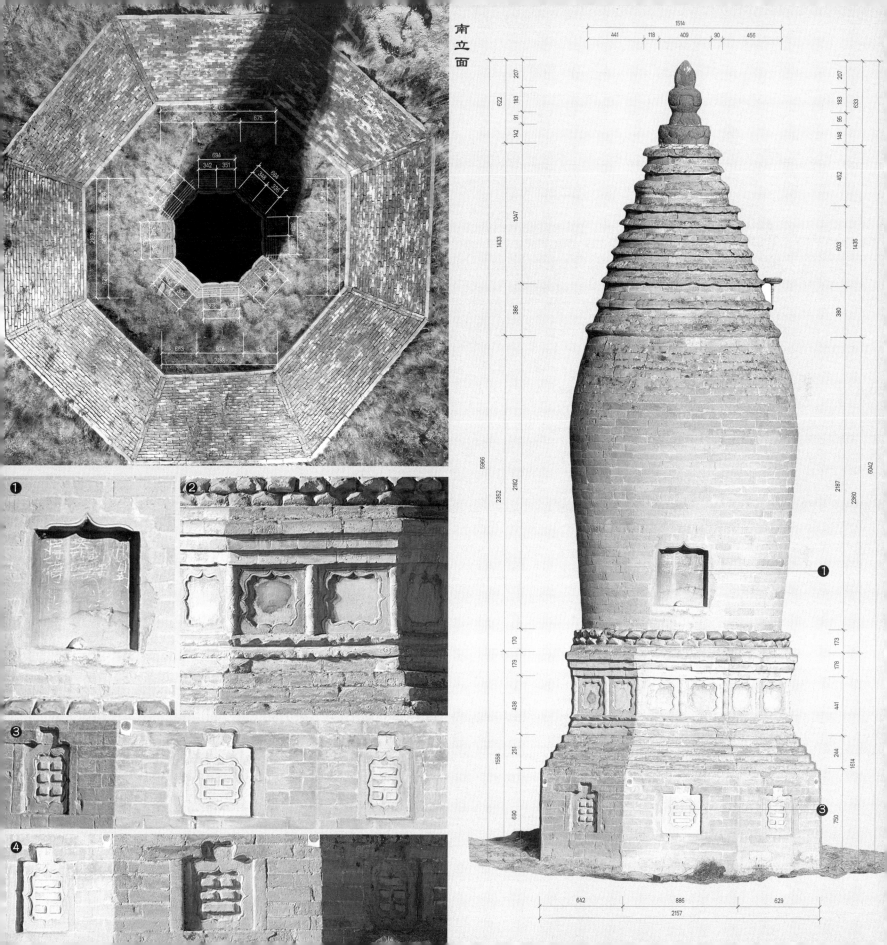

南立面

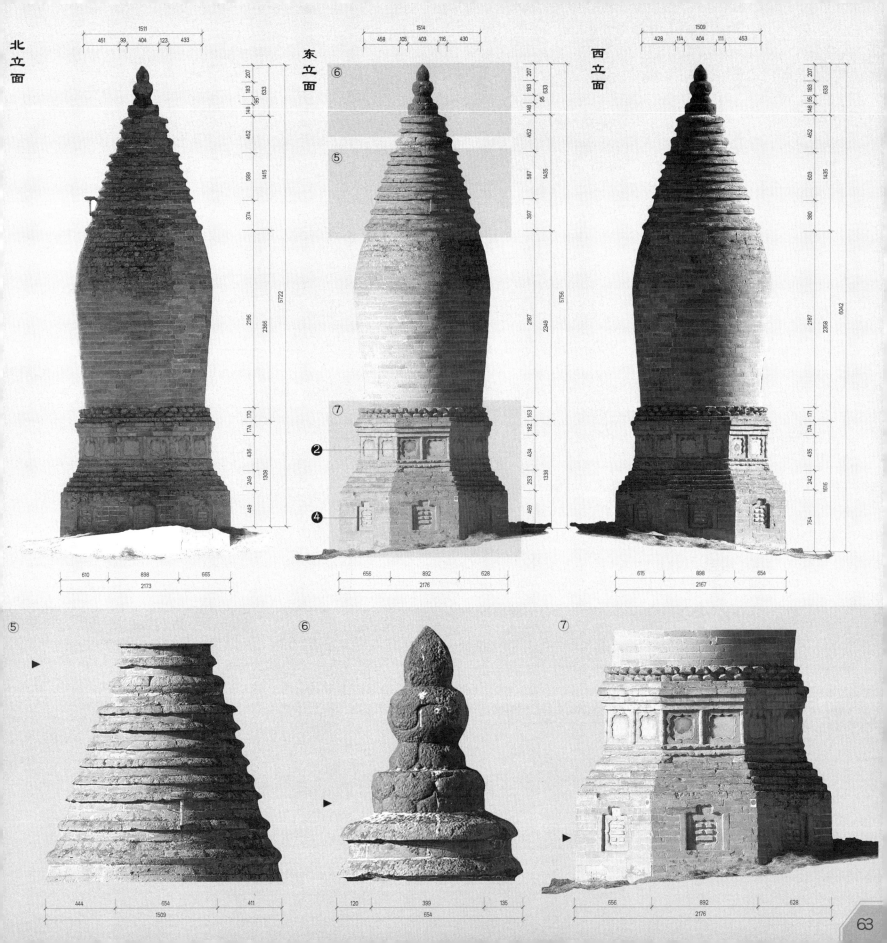

北立面

東立面

西立面

⑤

⑥

⑦

63

南安寺塔

河北省张家口市蔚县
39°50′13.61″N，114°33′51.22″E
2019-11-23

　　南安寺塔位于河北省张家口市蔚县县城南部南城门内西侧。南安寺始建于北魏，辽代重修，并建现塔。塔下地宫书"天庆元年三月十一画照"字样。明初，蔚州卫指挥使周房拆除南安寺，仅存此塔。[1]清康熙四十五年（1706年），知州柯法在南安寺塔旁重建南安寺。[2]南安寺塔是辽代密檐式砖塔的杰出代表。塔下地宫曾出土大量珍贵文物。[3]2001年6月25日，被国务院公布为第五批全国重点文物保护单位。

南安寺塔为八角十三层密檐实心砖塔，有地宫，由台基、塔座、塔身、塔刹四部分组成。塔体整身高大挺拔，台基敦厚壮硕。塔身内收舒缓，上部几层做卷杀形，轮廓柔曲，典雅庄重。台基由硕大毛石垒砌而成，高大粗犷，厚重敦实。须弥座式，上、下枋毛石砌筑，收腰叠涩收进甚微。束腰单匹石砌，高度矮小，仅部分石块带刻纹，斑驳不清。上承八角柱状砖砌塔座，形制特异。下置须弥座，上、下枋均为叠涩收束，下部叠涩甚大，上部矮薄。束腰部置短柱装饰，各面中间施龙首。须弥座上置高大座墙，角部置宽大附壁，东西南北四面正中施兽首饰，其余四面雕"福、禄"饰。墙上施仿木砖雕叠涩出檐，作圆椽，布瓦当。塔座上托三层仰莲座，饱满丰硕，二层莲瓣间隔施蕊状饰。座上置一层塔身，转角施幢式密檐塔，须弥座、仰莲座、幢身、五层密檐、塔刹一应俱全。东西南北四面辟假券门，券周雕二龙戏珠纹，施门簪，网纹门扇。其余四面置网纹盲窗。塔身上置普柏枋，下垂如意云头纹，其上施斗栱，单抄四铺作卷头式，仿昂，计心造，转角铺作出斜栱。檐部反曲甚小，角部略有起翘，砖雕仿木撩檐枋、檐椽、飞子，瓦当一应俱全。一层屋檐之上层叠密檐十二层，层檐密集，间距甚小。各层塔身极矮，屋顶脊瓦之上承三匹弧形塔身，后叠涩出檐，干净利落，曲线优雅。各层檐上布瓦，无窗。塔刹基座八棱柱状，上施砖雕仰莲、覆钵，再托铸铁塔刹，圆光、相轮、火焰、宝珠、宝盖一应俱全，繁复华丽。

[1] 庆之金. 蔚州志 [M]. 光绪版. 北京：中国言实出版社，2016：352.
[2] 刘国权. 佛寺与蔚州传统文化 [M]. 北京：中国文史出版社，2006：376-377.
[3] 王海阔. 南安寺塔地宫双重檐舍利金银塔艺术赏析及保护策略研究 [J]. 文物鉴定与鉴赏，2019（18）：2.

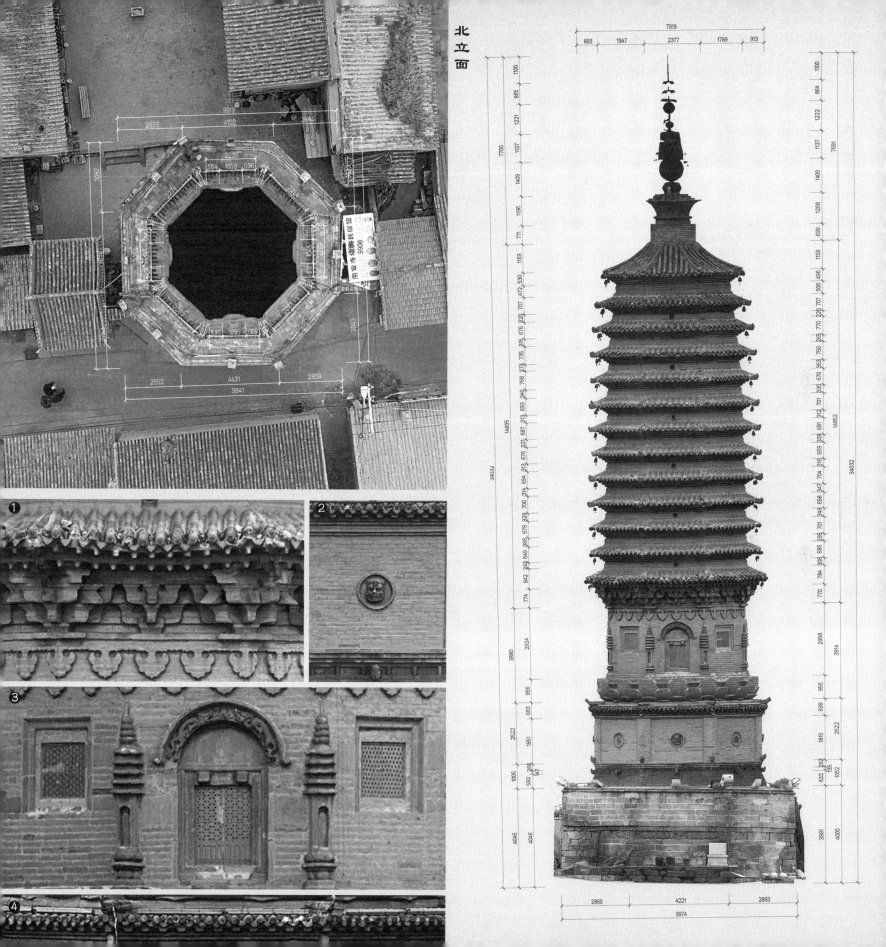

北立面

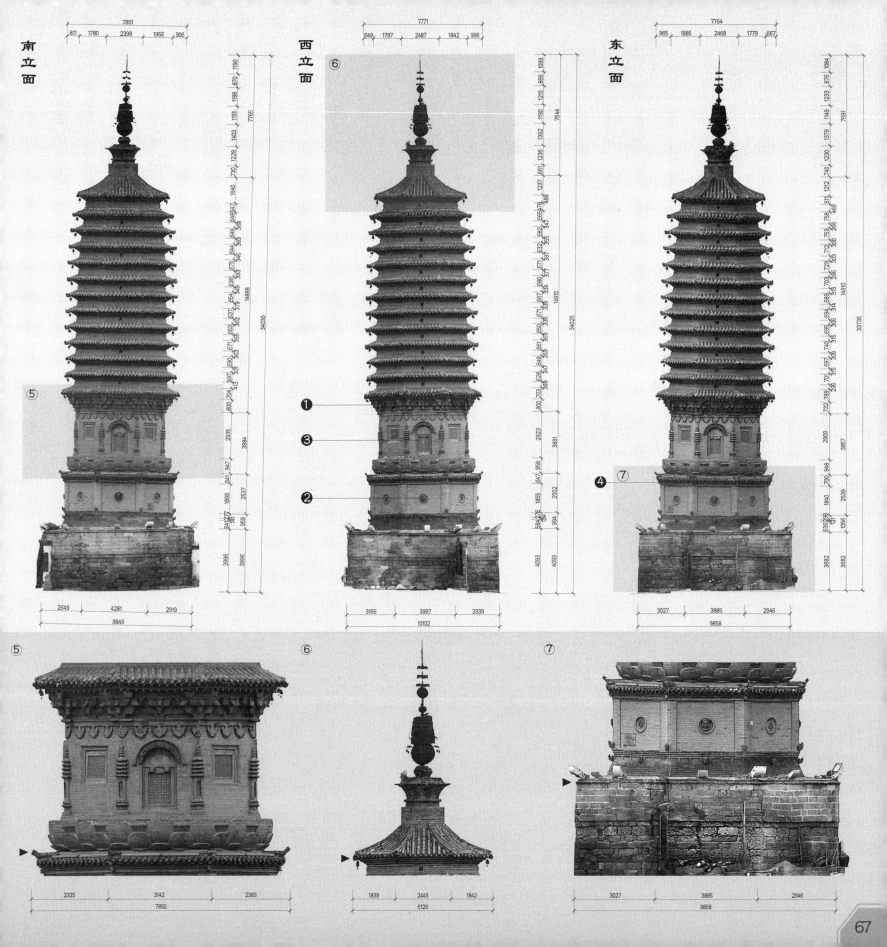

南立面

西立面

东立面

⑤

⑥

⑦

保安塔

河北省唐山市遵化市
40°11′36.08″N, 117°48′52.57″E
2017-01-04

保安塔位于唐山市遵化市西下营满族乡塔头寺村东邻小山崖顶。北部燕山连绵起伏，层峦叠嶂，小山属燕山余脉末端消结之地，保安塔坐落其上，形势雄妙。塔始建于辽代（907—1125年），具体时期不详。据村民口述，保安塔为风水塔，依传统堪舆文化，用以镇定周边河流水患之用，寓"永保平安"之意，因而得名。塔下曾有塔头寺，后毁。2008年10月23日，被河北省人民政府公布为第五批省级文物保护单位。

保安塔为八角三层密檐仿阁楼式混合砖石塔。塔体高度适中，各层逐层收进，收分舒缓。整体秀丽典雅，精美华丽，由台基、塔座、塔身、塔刹四部分组成。台基由粗大毛石垒砌，方正粗犷，简素厚重。上承双层须弥座，首层土红色毛石砌筑八角须弥座，古拙敦厚，风化严重，但难掩曾经精美雕纹。下部雕覆莲饰连云纹，蕃草纹环绕一周；上部雕仰莲亦饰连云纹饰。束腰施方胜、花卉纹样。上承青色砖砌八角须弥座，通体繁复华丽，与下座形成鲜明对比。须弥座底部置硕大圭脚，形态丰富。上托覆莲、连珠、束腰、仰莲、上枋等。束腰转角置力士雕像。南向施圆券门，内雕佛字。其余束腰中部饰方胜、椀花结带纹饰。本层须弥座存大量修复痕迹。双层须弥座上置一层塔身，青砖素砌，南置圆券假门，门钉装饰，砖雕门锁等。一层塔身之上做双层仿木砖雕密檐。复杂多样。墙身上部置仿木阑额、普柏枋，上承斗栱，斗口跳，角铺作出斜栱。斗上置耍头、承撩檐枋，再承檐椽、飞椽、大连檐等仿木结构，形态逼真。耍头间置壶门形连板，甚是特异。檐上无瓦，以叠涩仿拟，砖雕角脊；二层塔身极矮，仅一匹横砖，叠涩雕混枭至仿木檐椽，檐部做法与一层相同。二层密檐之上托三层仰莲座，莲叶细碎饱满。上承三层塔身，转角置仿木圆形倚柱，南向置拱券门，门柱饰雕像，门内置塔心室。墙身上部置仿木额枋、平板枋，上承叠涩混枭至檐椽，其上结构与一、二层相同。屋顶置八角攒尖顶。刹座青砖素砌，上承如意纹饰华盖，再托平出双层莲瓣座，上置叠涩座，托葫芦宝珠。

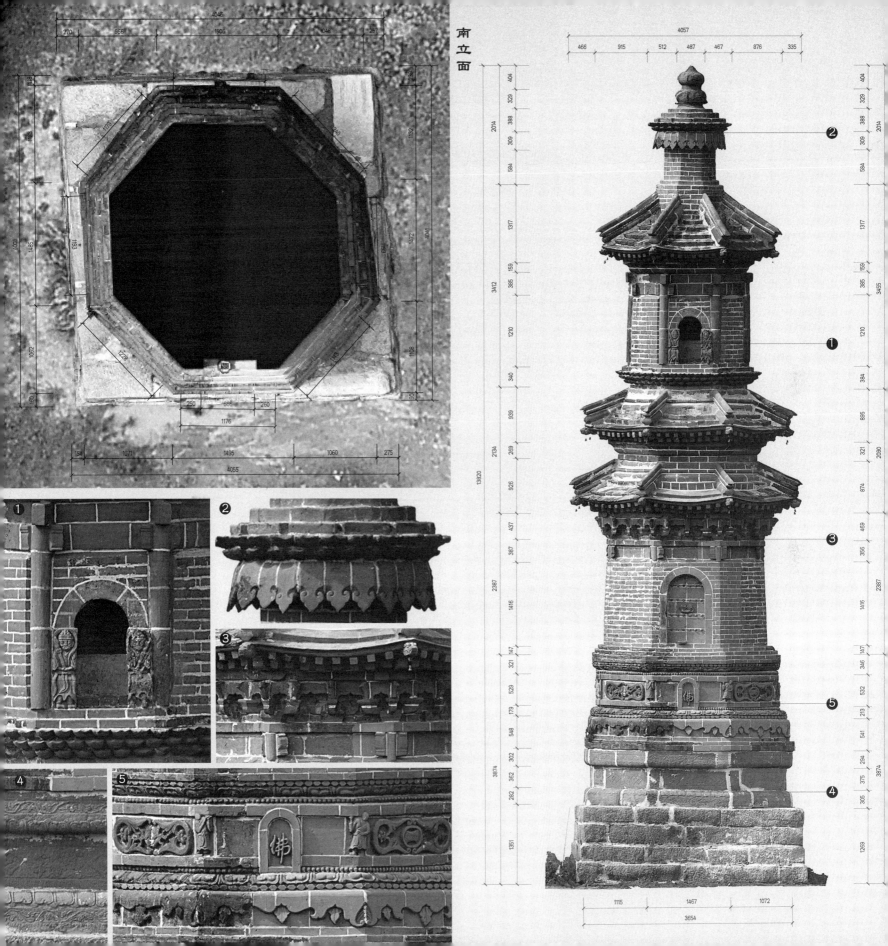

南立面

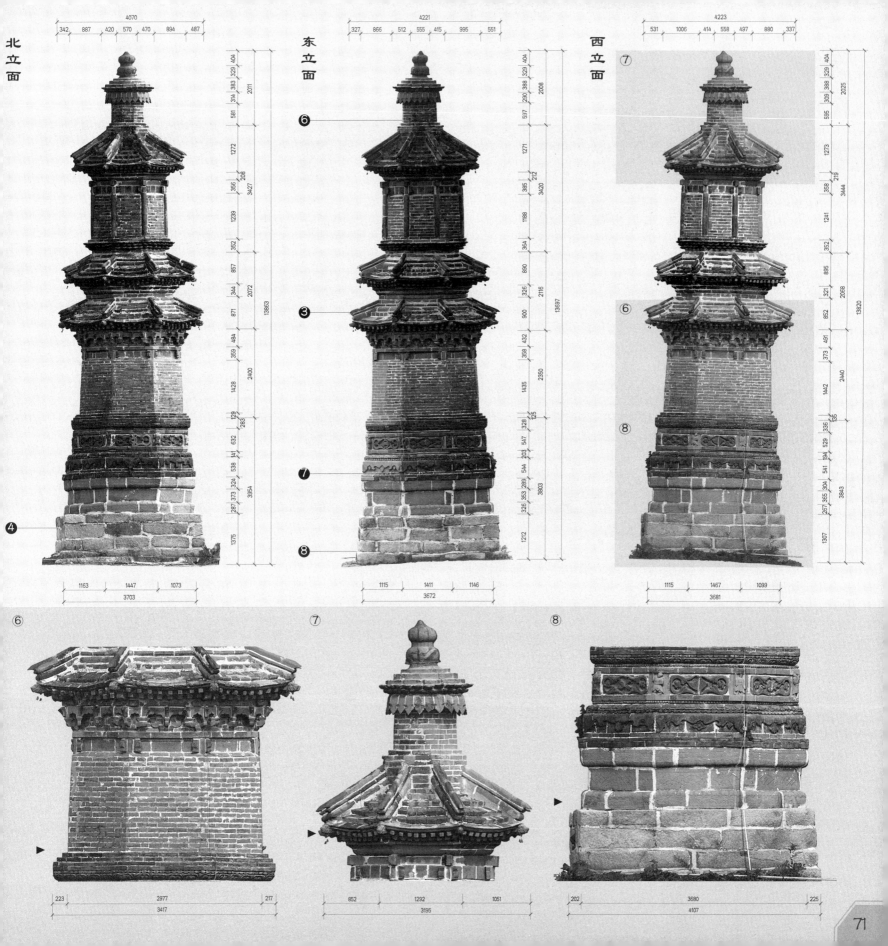

北立面

4070

342 | 887 | 420 | 570 | 470 | 894 | 487

404 | 329 | 383 | 314 | 581 | 1272 | 208 | 356 | 1239 | 352 | 857 | 344 | 871 | 484 | 359 | 1428 | 129 | 283 | 632 | 141 | 538 | 324 | 373 | 287

2011 | 3427 | 2072 | 2400 | 3954

13863

1375

④

1163 | 1447 | 1073

3703

东立面

4221

327 | 866 | 512 | 555 | 415 | 995 | 551

404 | 329 | 388 | 290 | 597 | 1271 | 212 | 385 | 1188 | 364 | 890 | 326 | 900 | 432 | 368 | 1435 | 225 | 328 | 547 | 203 | 544 | 289 | 353 | 326

2008 | 3420 | 2116 | 2350 | 3803

13697

1212

⑥

③

⑦

⑧

1115 | 1411 | 1146

3672

西立面

4223

531 | 1006 | 414 | 558 | 497 | 880 | 337

404 | 329 | 388 | 309 | 595 | 1273 | 219 | 358 | 1241 | 352 | 895 | 321 | 852 | 491 | 373 | 1442 | 235 | 336 | 529 | 194 | 541 | 301 | 365 | 267

2025 | 3444 | 2068 | 2440 | 3843

13820

1307

⑦

⑥

⑧

1115 | 1467 | 1099

3681

⑥

223 | 2977 | 217

3417

⑦

852 | 1292 | 1051

3195

⑧

202 | 3680 | 225

4107

71

永旺塔

河北省唐山市遵化市
40°11'1.72''N,117°41'47.41''E
2021-07-16

　　永旺塔位于唐山市遵化市马兰峪村南堂子山顶东缘。马兰峪地势低洼，周边群山环绕，堂子山凸而显之，塔立其上，形势雄丽。永旺塔始建于明万历十年（1582年），由蓟镇总兵戚继光修建。明万历遵化武学教授江应凤之《永旺塔创建记》载："相士家往往谓马兰城形势如大舟，舟能重载……但舟凭桅樯，以张驶破浪之，亡樯则不完"。[1] 1993年7月15日，被河北省人民政府公布为第三批省级文物保护单位。

永旺塔为八角七级密檐实心砖塔。塔体下部庄重壮实，上部收束迅捷，整身壮丽挺拔。施白灰皮饰面，风吹日晒，剥落斑驳。塔由台基、塔座、塔身、塔刹四部分组成。台基甚矮，主体位于地下。上表面倾斜，呈扁锥状。其上置双层须弥塔座。下层方石砌筑，古朴素简；上层青砖砌筑，砖雕繁复华丽。上层须弥座下部锥形收束。束腰转角置精美雕花矮柱，柱间置雕刻方砖，饰花草禽兽，造型多变，极具地域特色；其上承仿木平座，砖雕普柏枋、斗栱、栏板一应俱全。斗栱双抄五铺作，偷心造。座斗内收，泥道栱断开错出，形制特异。栱上托望柱、栏板等，内嵌花卉雕砖。座上置仰莲意向弧形托盘，

承一层塔身，高大粗壮。塔身青砖砌筑，施白灰皮，于转角处置八座砖雕幢式束柱五层密檐小塔。小塔嵌入较深，与塔身浑然一体，有"九塔"之说。塔身南、北两面置深圆券门，内置佛像，其余各面饰盲窗、假门。北门上嵌塔铭，刻"永旺塔"，亦有款曰"钦差总理练兵事务兼镇守蓟州永平、山海等地方总兵官、少保兼太子太保、中军都督府左都督、定远戚继光"，"岁万历十年仲秋吉日立"。塔身之上为七层密檐，形制相近，均已叠涩出短檐，砖雕仿木斗栱。首层斗栱繁复，双抄五铺作，偷心造；其余斗口跳。此外，五层特异置龛，内嵌佛像。圆锥塔顶，上置仰盆，承覆钵，上托宝珠，硕大饱满。

[1] 何崧泰, 史朴. 遵化通志 [M]. 清光绪十二年（1886年）刻本.

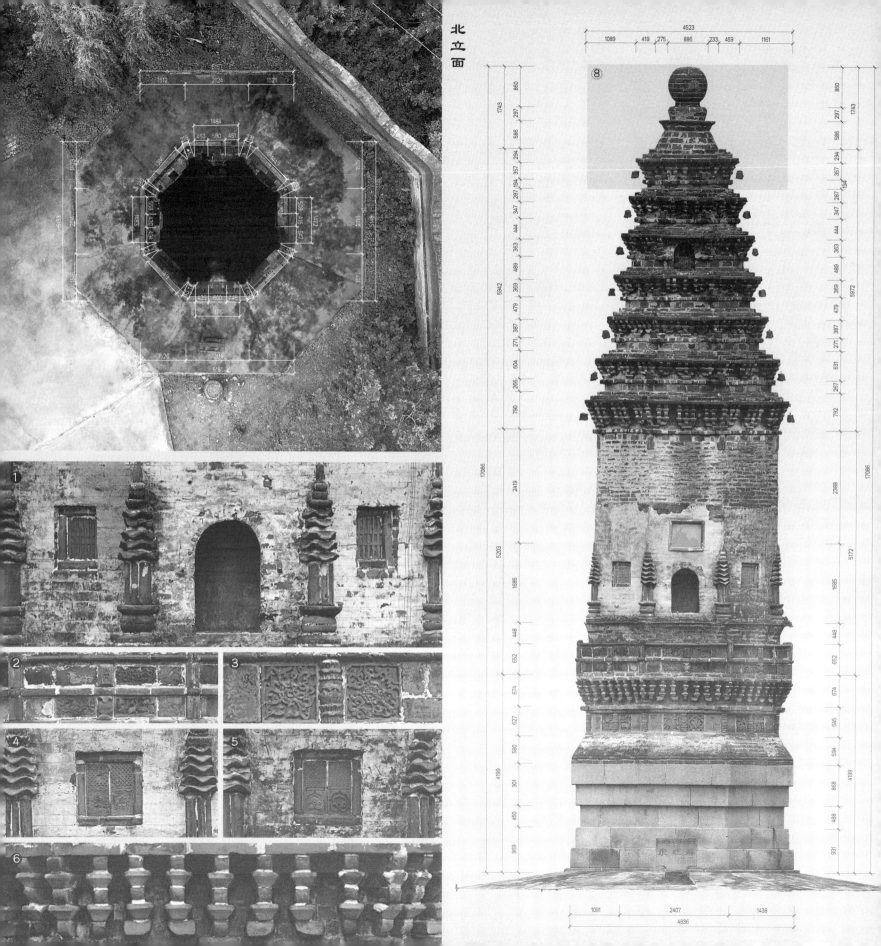

北立面

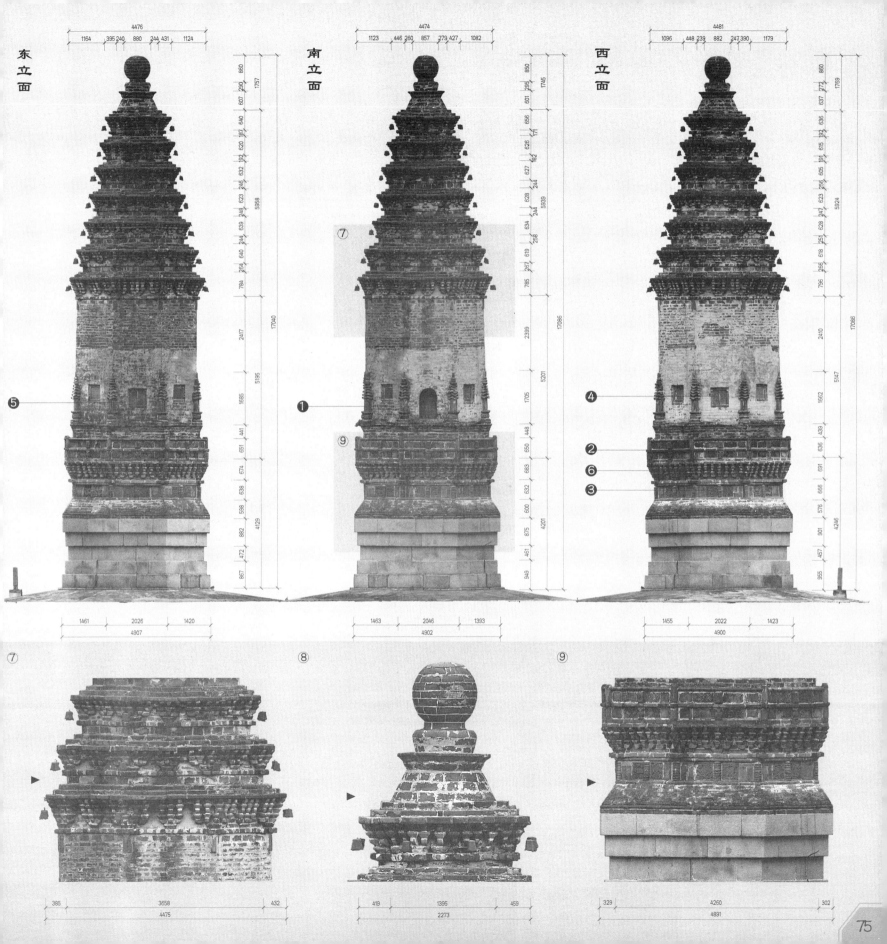

東立面 南立面 西立面

⑦ ⑧ ⑨

玉煌塔

河北省唐山市丰润区
39°52'10.38"N, 118°3'53.80"E
2017-01-03

　　玉煌塔位于河北省唐山市丰润区压库山村西，玉煌山南山延伸土坡之上，塔北为巨大采石场。据村民口述，塔始建于元代（1271—1368年），但无明确记载。据其建筑形制及装饰细节考察，应为明代中、后期所建。1976年唐山大地震，玉煌塔遭受严重损坏，倾斜甚剧，几近倾覆。随后又遭多次盗挖。2012年，玉煌塔获全面修缮，基本恢复原有风貌。2008年10月23日，被河北省人民政府公布为第五批省级文物保护单位。

　　玉煌塔为八角九层密檐实心砖塔。塔体倾斜显著，收分硬朗，瘦丽典雅。整身曾施白灰皮面，风吹日晒，几乎无迹。塔由台基、塔座、塔身、塔刹四部分组成。台基毛石砌筑，不规则方形，置台阶可达塔座。塔座青砖素砌八棱柱状，为后期修缮之物。座上承叠涩退台椎状小座，上置一层塔身，青砖素面，角部施圆形倚柱，东、南、西、北四面设假门。上部雕仿木阑额、普柏枋。上承特异四铺作斗栱，一斗三升出一跳再承一斗三升。上承砖雕仿木撩檐檩、檐椽、飞椽、素砖檐口，檐上无瓦无脊，以叠涩退台仿拟。檐口平直，转角做套兽，内部以木挑梁支撑。二至九层密檐形制相同，较一层塔檐简朴。均为叠涩挑檐，出挑深远，檐上叠涩锥状退台，转角置套兽，内置木挑梁。塔顶砖砌叠涩锥台，上承仰盆状小刹座，塔刹遗失，仅木刹柱遗存。

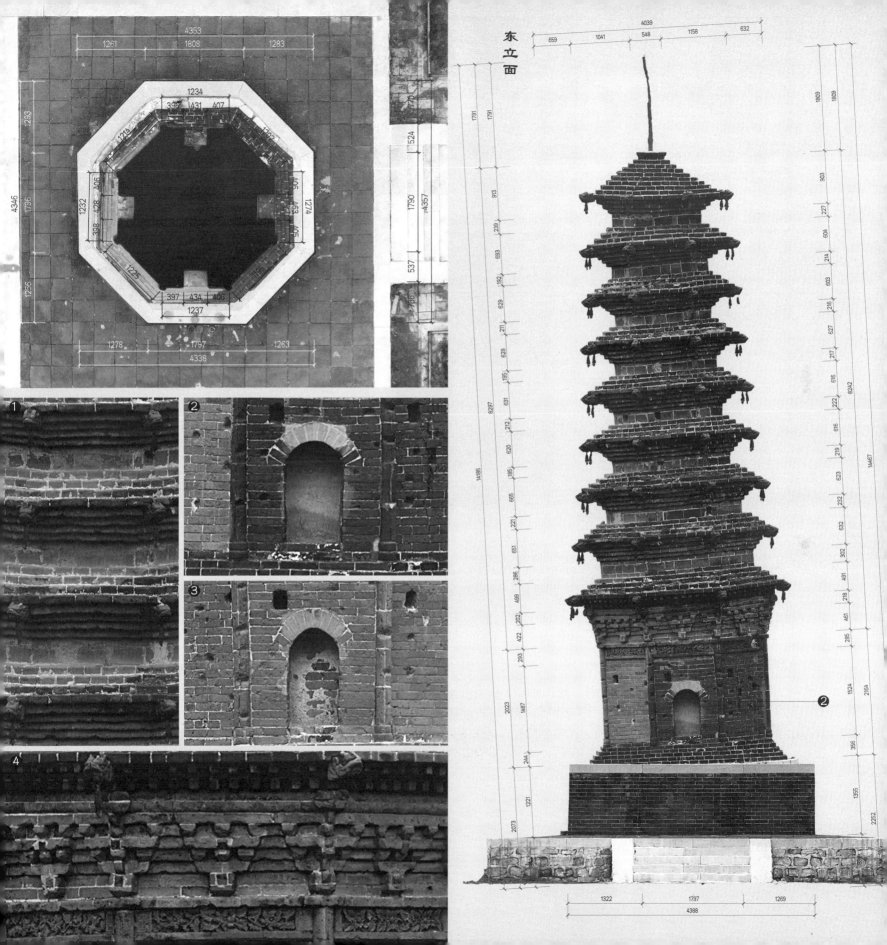

东立面

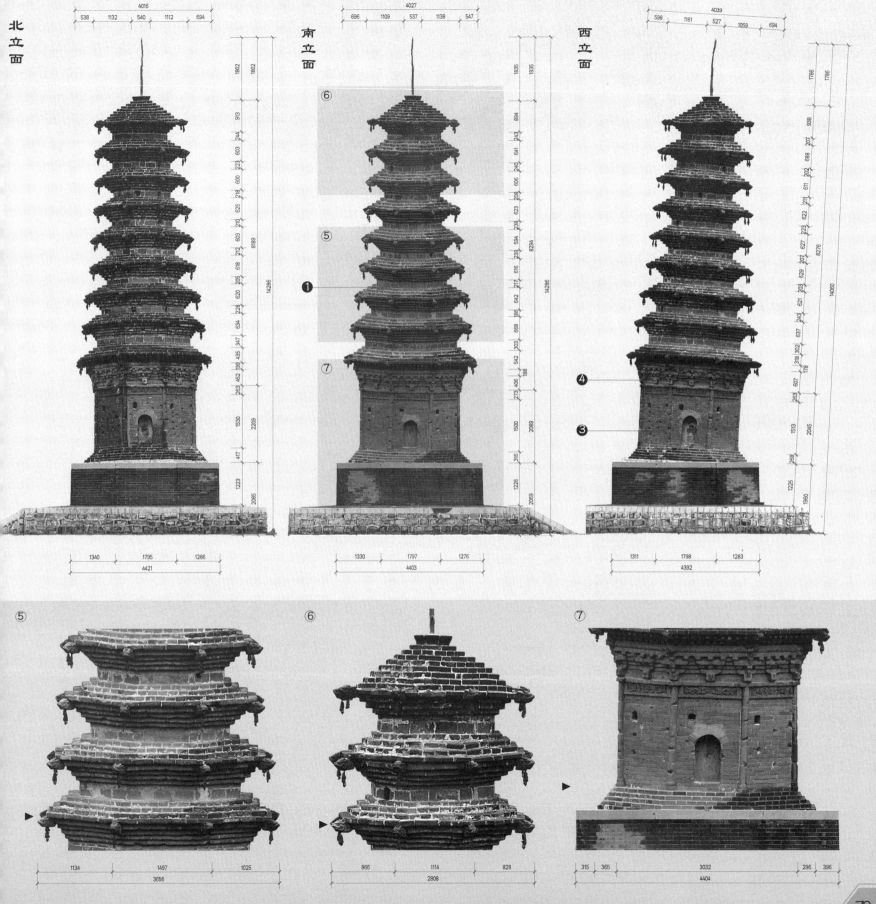

北立面

南立面

西立面

79

天宫寺塔

河北省唐山市丰润区
39°49′22.07″N,118°6′59.61″E
2021-07-16

天宫寺塔位于河北省唐山市丰润区丰润镇赵庄村北天宫寺公园（原天宫寺旧址）内高岗之上，环境葱郁欲滴、清静优雅。天宫寺始建于辽清宁元年（1055年），天宫寺由盐监张日成出资兴建，寺成遂逝。其子继之，于清宁八年（1062年）在寺西北角高台之上建塔，得名"天宫寺塔"。[1]1976年唐山大地震，塔体遭受严重损坏。1986年，对天宫寺塔进行修缮。[2]2006年5月25日，被国务院公布为第六批全国重点文物保护单位。

天宫寺塔八角十三层密檐实心砖塔。塔体高大挺拔，下部敦实宽大，上部收缩柔曲，张弛饱满。整身施白灰皮面，现斑驳残落。塔由台基、塔座、塔身、塔刹四部分组成。现代造双层台基，高大宽绰，蘑菇石饰面，汉白玉栏板。台上中央置须弥塔座，上承平座，雕饰丰富。塔座须弥式，下部青砖砌筑，高大素面，叠涩退台至束腰。束腰各面施多层嵌套凹龛，外层长方，内层壶门。上承仿木砖雕斗栱，双抄五铺作意向。平座仿木雕砌望柱、寻仗、中枋等，栏板各面施上下双层池子，下层满施仿木砖雕花格；上层当心嵌砖雕花卉方砖，栩栩如生。座上置三层素砖雕砌仰莲座，硕大饱满。内托一层塔身，转角施盘龙倚柱，曲绕灵动，栩栩如生。东、南、西、北四面置圆券假门，门楣饰宝相花纹，门墩、门框、门簪、门钉等一应俱全。南、北二门之上嵌匾，南书"天宫寺塔"四字；北书"极乐"二字。墙面上部雕仿木阑额、普柏枋，上托斗栱，双抄五铺作，计心造，角铺作出斜栱。其上置撩檐枋、檐椽、飞椽、平砖檐口，檐上无瓦无脊，施叠涩屋顶。二至十三层密檐，形制相同，逐层收进，轮廓曲张。各层均身段甚矮，叠涩挑檐，深远薄丽；檐上叠涩，退台极缓，角部置微隆角脊，内置木挑梁，端部施兽首。屋顶置叠涩八角棱锥。上承覆钵刹座，托三层葫芦状刹身，顶部置桃形宝珠。

[1] 牛昶煦, 等. 丰润县志 [M]. 台北: 成文出版社, 1968.
[2] 何崧泰, 史朴. 遵化通志 [M]. 清光绪十二年（1886年）刻本.

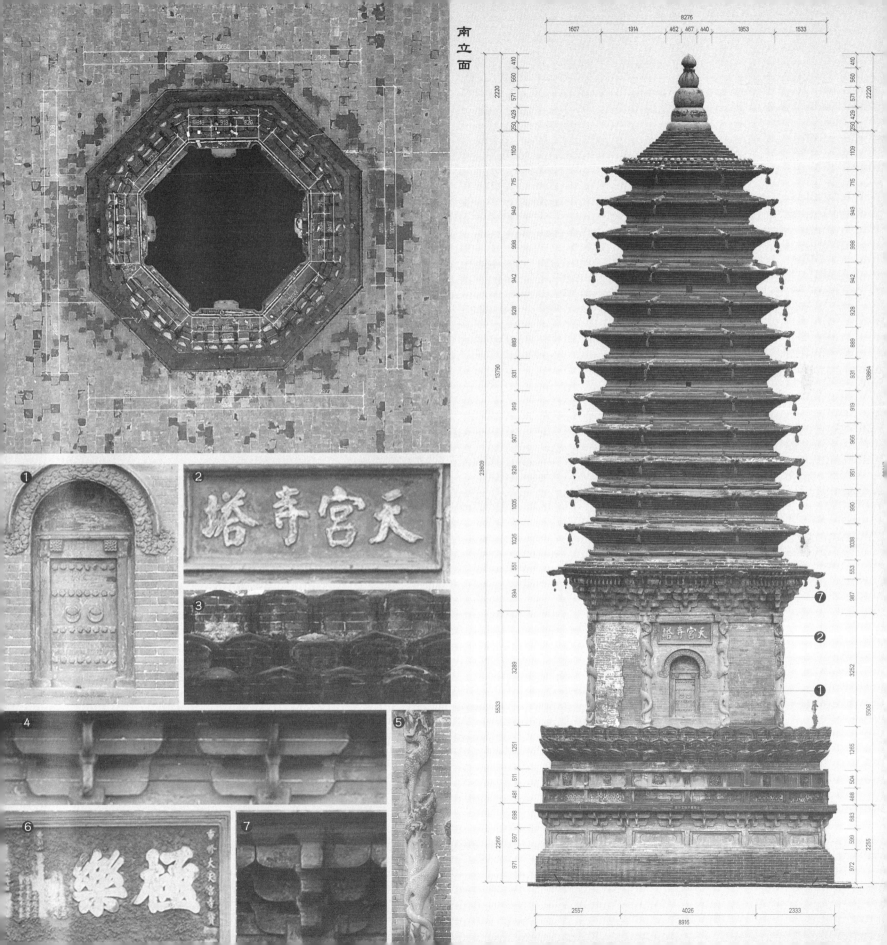

北立面

⑨

8306
1540 | 1865 | 413 477 458 | 1929 | 1624

2220
577 398
235 568
423
1094
730
978
969
942
918
889
931
919
908
931
1006
1018
962 587
13792

23806

⑧

⑥ 極樂

3283
4548

④

1265
477 504
606 700
960
3247

2436 | 4048 | 2426
8910

东立面

⑥

8185
1525 | 1898 | 460 476 428 | 1916 | 1483

400
576 400
554
270
1102
722
949
998
942
928
889
914
917
914
939
1027
1023
589
951
13803

23847

❸

❺

❸

3291
5546

❽

1274
486 495
609 697
972
2278

2432 | 4021 | 2440
8893

西立面

8174
1478 | 1910 | 423 482 448 | 1913 | 1520

400
567 410
568
264
1098
725
966
981
974
902
883
963
921
911
951
1002
1005
594
949
13826

23801

⑩

3258
4518

④

1260
409 588
613 679
948
3237

2436 | 4014 | 2505
8955

❼

⑧

1426 | 5918 | 1421
8765

⑨

極樂

1836 | 2324 | 1794
5954

⑩

2436 | 4014 | 2505
8955

多宝佛塔

河北省唐山市古冶区
39°46′59.44″N，118°23′53.85″E
2017-01-03

　　多宝佛塔位于河北省唐山市古冶区王辇庄乡任庄子村，西北1.5公里处白云山下山坳之中。多宝佛塔始建于明万历二十二年（1594年）。据《滦州志》记载，塔西原有白云寺，坐北朝南。[1]现寺已无迹，塔应属白云寺遗物。塔身嵌匾，上书"多宝佛塔"，因而得名。1976年唐山大地震，塔体遭受损坏，后经多次修缮。2008年10月23日，被河北省人民政府公布为第五批省级文物保护单位。

　　多宝佛塔为八角七层仿木密檐实心砖塔。塔身高度适中，比例均衡，端庄俊丽，但倾斜严重。塔由台基、塔座、塔身、塔刹四部分组成。塔座双层，首层约方形，嵌于谷底，宽硕低矮；二层基座八角，置于首座中央，略高，施汉白玉栏板，中心置塔。塔座砖雕须弥座，下部青砖素砌，底部砌白色石质基础，因塔体倾斜，一侧越地而出，甚是显著；束腰转角置棱形矮柱，柱间各面两侧饰椀花结带纹，心间雕佛八宝；上置仿木砖雕平座，座下部施普柏枋，上承斗栱，双抄五铺作，计心造。斗栱间枋上中央置佛雕，甚是奇特。其上施栏板，望柱、寻仗、中枋、地栿一应俱全。望柱底部垫小莲座。池子上下两层，下层铜钱纹饰；上层嵌锦格饰砖三块。座上托一层塔身，底部置素简寓仰莲意向小座。一层转角上部施仿木棱柱，下部置五层幢式佛塔。西南、东北两面施券门洞，内置佛像；东南、西北两面饰拱券假门。四门楣施卷草纹，门框刻对联。西南门上嵌匾一块，上书"多宝佛塔"。一层塔身上置七层塔檐，首层雕饰繁复；二至七层，素简相近。首层仿木阑额、普柏枋之上承斗栱，双抄五铺作，计心造。斗栱间枋上中央亦置佛雕。斗栱上承叠涩出檐，饰仿木飞椽，檐顶施叠涩退台，无瓦无脊。檐角内置木挑梁，头施套兽；二至七层塔檐，收分舒缓硬朗，平出挑檐，上下叠涩做法，深远薄丽。屋顶锥状叠涩素砌，上承塔刹。刹座束腰细高，托三层仰莲座，上置葫芦宝瓶。

[1] 杨文鼎. 滦州志 [M]. 清光绪二十四年（1898）.

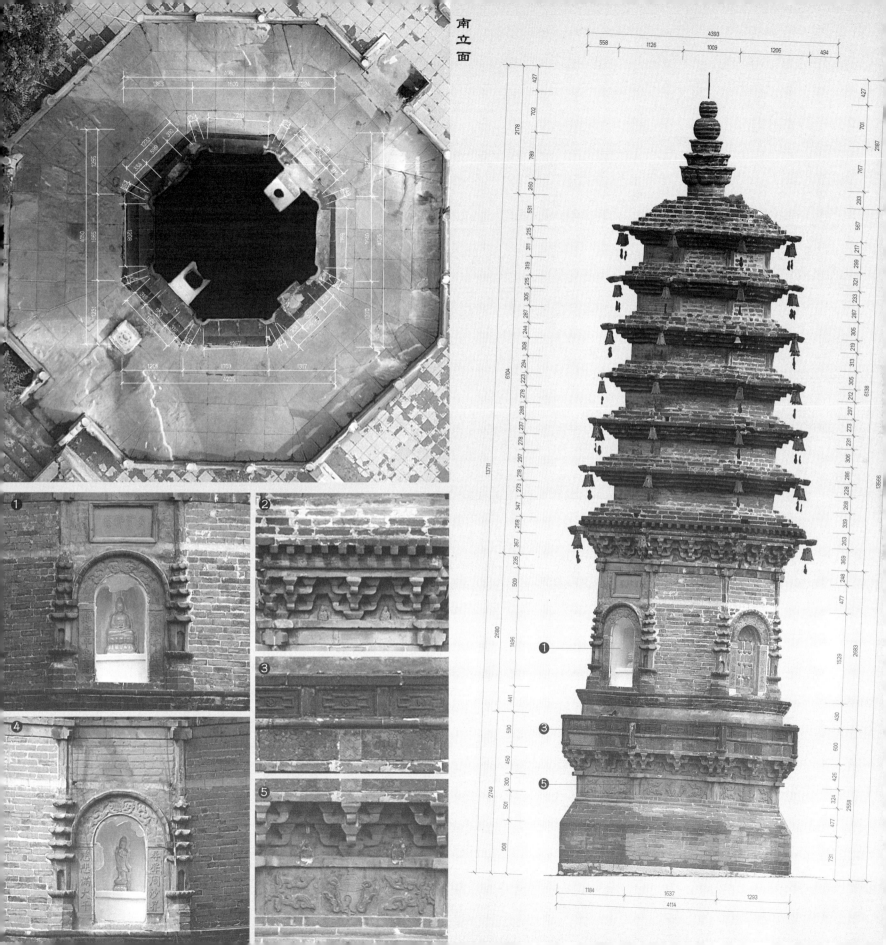

南立面

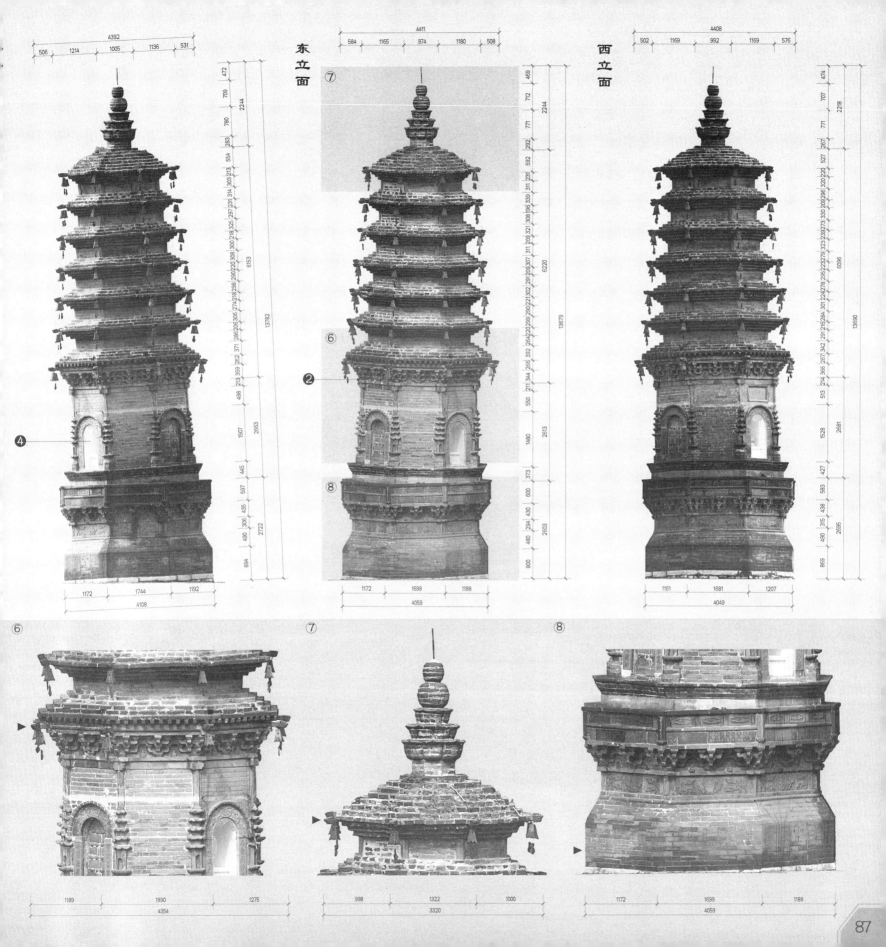

东立面

西立面

⑥　⑦　⑧

灵山塔

河北省廊坊市三河市
40°20'22.29"N，117°4.97'4.97"E
2022-10-20

灵山塔位于三河市黄土庄镇唐回店村南灵山顶。灵山系燕山余脉消融再结之地，于平阳突兀成峰。塔立于灵山峰顶，形势俱佳，因而得名。始建于辽代（907—1125年）。古三河八景之一。清代韩璋咏诗："山钟灵秀水澄清，一幅王维画稿呈，最好晚钟敲罢后，塔腰高处白云横"。灵山塔始建于辽代，明代重修。[1] 1993年7月15日，被河北省人民政府公布为第三批省级文物保护单位。

　　灵山塔为八角五层密檐砖木结构塔。塔由台基、塔座、塔身、塔刹四部分组成。塔体高度适中，底部粗壮，上部瘦俊，收分显著。塔座须弥式，底部砖雕圭脚，高刻牡丹、芍药纹样，线条舒展，雍容华贵。圭脚上置下枭、束腰、上枭、上枋，形态丰富连贯。束腰心间内嵌砖雕花卉纹大砖。须弥座上承叠涩、连云纹覆莲塔座，形态饱满，线条流畅。上承一层塔身，青砖素砌，转角施方棱倚柱（现为新修水泥构件）。东、西、南、北四面均施圆券假门，门周饰卷草纹；其余四面中心嵌砖雕"佛"字，尺寸硕大，字体古朴苍拙。一层塔身上端置仿木阑额，接混枭线脚，再承出檐，檐口平直，檐椽、飞椽、瓦当、滴水、转角套兽等构件一应俱全。檐上布瓦，置角脊、围脊。其上二至五层逐层收进显著，各层形制基本相同。均于东、西、南、北素砖墙面中嵌卷草纹圆券，券内无假窗构件，意向随性；其余各面则嵌砖雕"佛"字，尺寸略小于一层。檐部自下而上，作方涩、混枭、仿木檐椽、飞椽、瓦当、滴水、转角套兽等，檐上布瓦。塔顶为八角攒尖式，上布琉璃瓦。塔刹为白色双层仰莲刹座，托三宝珠，丰硕圆润。

[1] 昌黎县地方志编纂委员会. 昌黎县志 [M]. 北京：中国国际广播出版社，1992：493.

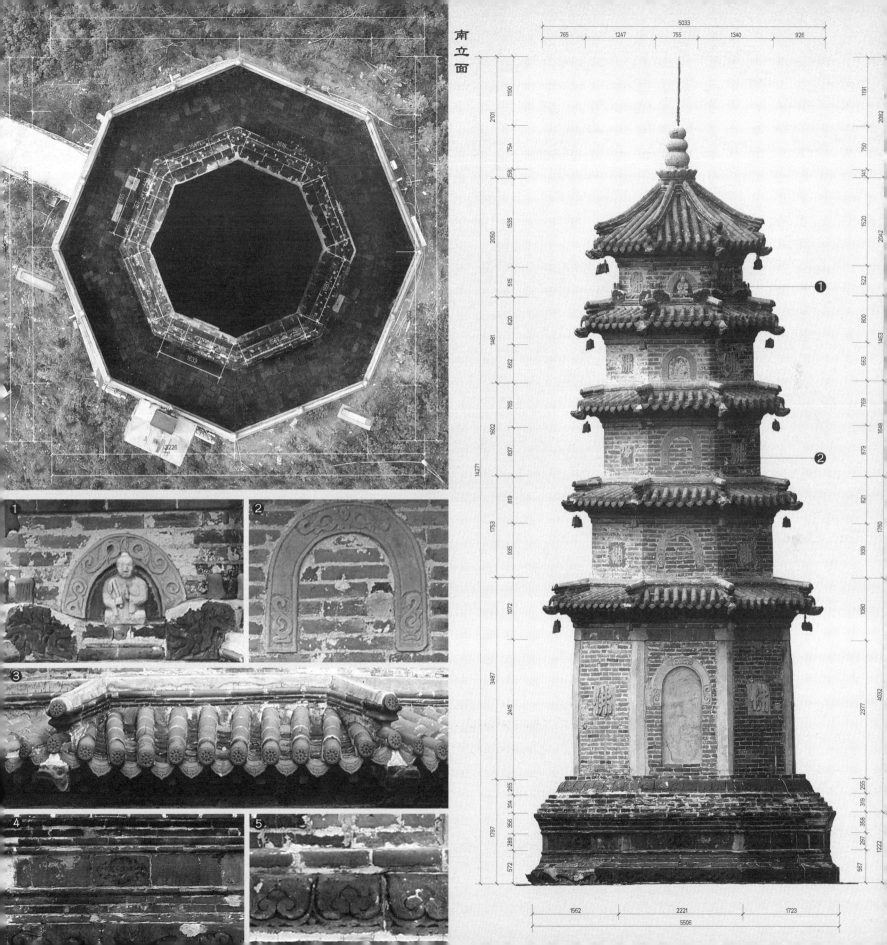

南立面

北立面

5026
918 | 1342 | 757 | 1241 | 768

⑦
1190
2059
728
182
1545
1993
⑥
448
884
1542
658
774
1590
816
1766
817
14275
949
1080
4074
⑧
2421
556 306 349 332 240
1212

1501 | 2317 | 1660
5478

东立面

4975
812 | 1318 | 771 | 1354 | 720

1194
2090
742
153
1541
1975
434
892
1542
650
761
1636
874
1739
801
14238
938
1069
4001
2406
591 277 388 319 203
1256

1529 | 2351 | 1605
5485

西立面

4995
727 | 1358 | 752 | 1339 | 819

1195
2096
731
170
1532
2007
475
849
1509
660
762
1640
878
803
1761
958
14251
③
1055
1055
4045
⑤
2406
④
563 289 340 350 234
1192

1510 | 2756 | 1210
5477

⑥

1226 | 1739 | 1353
4318

⑦

1001 | 1317 | 1022
3340

⑧

1501 | 2317 | 1660
5478

板厂峪塔

河北省秦皇岛市海港区
40°11′18.96″N, 119°34′11.31″E
2017-01-02

　　板厂峪塔位于河北省秦皇岛市海港区驻操营镇板厂峪村东南，南北走向山脉西坡山坳中，天然禅寺山门前广场。群山环抱，苍翠幽静。塔始建于明万历年间（1573—1620年），因地得名。据载万历年，道人翟尚儒于板厂峪修炼，为民众医病扶困，逝后为其修塔以纪念。[1]塔东北临近有天然山洞，上书"天然洞"。山洞古拙沧桑，深邃莫测，传说甚多。1982年7月23日，被河北省人民政府公布为第二批省级文物保护单位。

　　板厂峪塔为六角七层密檐砖砌墓塔，由台基、塔座、塔身、塔刹四部分组成。塔体整身高度适中，收分舒缓，端庄典雅。施白灰皮饰面，经风吹日晒，古拙泛黄。台基由毛石砌筑，不规则六边形，台面倾斜，北高南低。台基上承两层塔座，后期修葺，水泥满抹面。抹面破裂掉落，暴露内部砖石混砌结构。塔座上置一层塔身。仿木梁柱结构，转角置圆倚柱，柱间各面置圆券凹龛，曾置雕像。凹龛左右两侧挑砖上置雕像；上方两侧亦挑砖置飞天雕像。雕像均已毁损，仅存残迹。倚柱上方置仿木砖雕额枋、平板枋，上承铺作，斗口跳式。上置素枋、撩檐檩，再托檐椽、飞椽，层次丰富，仿雕逼真。檐口出檐短窄，平直硬朗，角部无翘。木质角梁，端部套兽首。檐上布瓦，瓦当滴水雕刻精美。一层檐上叠置二到七层密檐，形制相似，较一层檐饰简素，无斗栱，均以叠涩出檐，短窄硬朗。檐上布瓦，部分垂脊端部存仙人骑凤。木质角梁，梁端套兽首。顶层屋顶装饰较完整，垂脊置仙人骑凤、垂兽、小跑等。塔顶置双层仰莲座，莲瓣舒张开阔，上至覆钵刹座，承托铸铁刹杆、宝珠以及道教法器三叉戟，彰显道教文化气息。

[1] 高凌霨. 临榆县志 [M]. 台北：成文出版社, 1929.

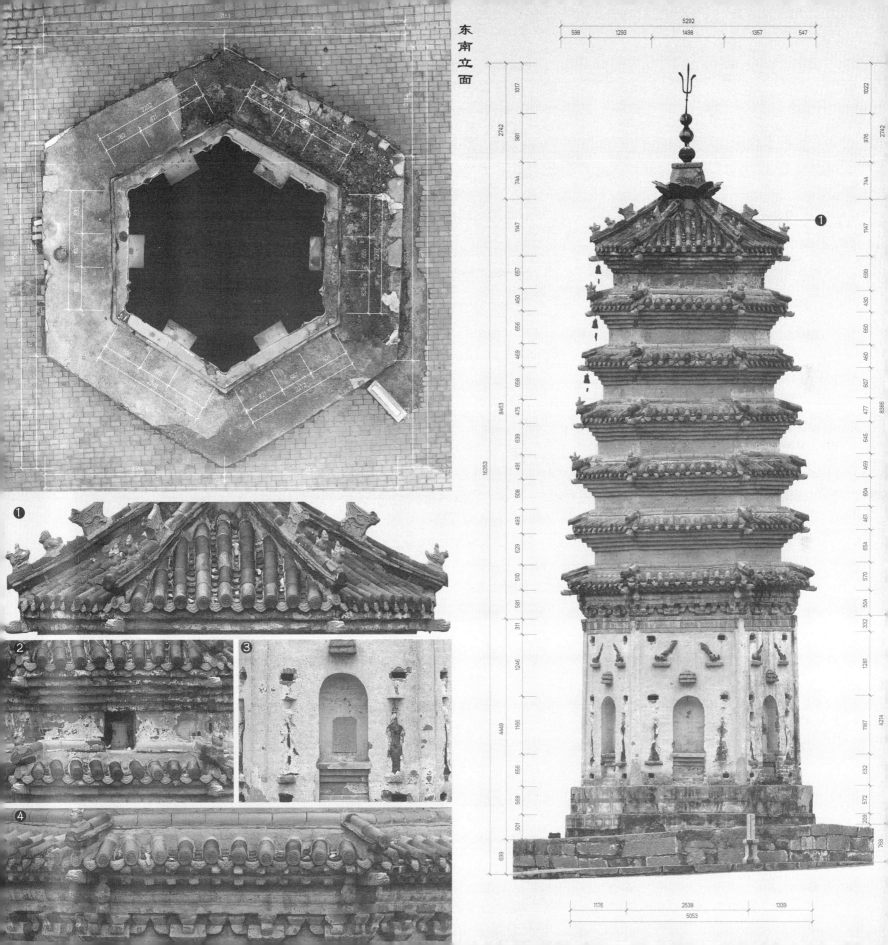

东南立面

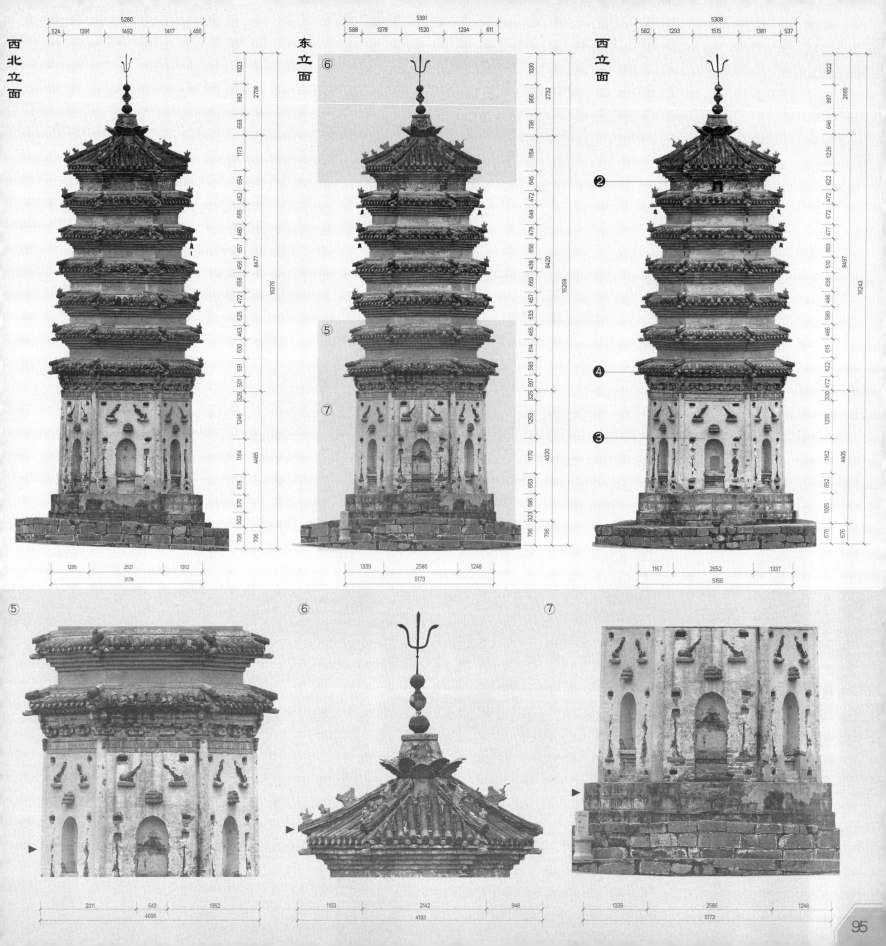

西北立面

东立面

西立面

重庆宝塔

河北省秦皇岛市卢龙县
39°52′46.20″N, 118°51′37.36″E
2020-08-08

　　重庆宝塔位于河北省秦皇岛市卢龙县刘田各庄镇塔上村内西北部，村内道路旁边，周边民宅围合，始建于清康熙八年（1669年）。[1]塔上石额刻"重庆宝塔"，因而得名。据村民口述，此处曾有四座古塔，群聚并立，现仅存1座，为最高者。重庆宝塔之"重庆"表父母与祖父母俱存之意；为儒、释、道三教合流之建筑。2014年，被公布为秦皇岛市级文物保护单位。

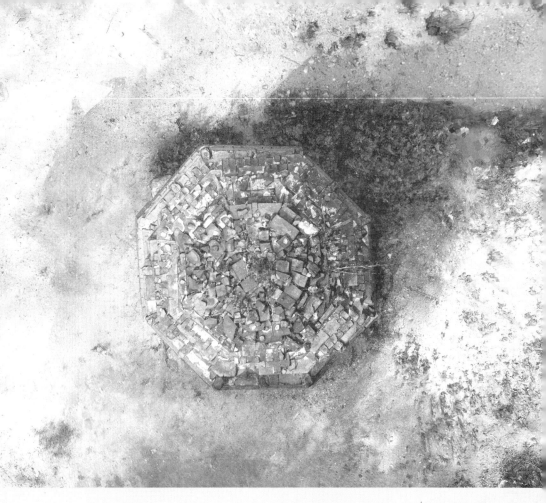

重庆宝塔为八角仿楼阁式砖砌风水塔，塔上部毁损，现仅存四层塔檐。有记载原塔五层，村民回忆亦说七层或九层不等。据其形制比例，五层一说可能性较高。塔由塔座、塔身、塔刹三部分组成。塔体整身高度适中，收分舒缓，精致典雅。塔台基由毛石砌筑，位于地下，仅露个别石块。上承砖砌须弥塔座，下部敦厚简朴。束叠施竖短柱，柱间置龛，龛内又有装饰，今毁损无存。束腰上部叠涩出挑，以砖雕圆混、莲瓣修饰，现毁损严重。上承砖砌平座，雕刻丰富，各面转角及中间置方棱望柱，柱底施托莲，柱顶莲花头，现损坏严重。柱间施双盘雕花栏板，方胜饰花与卷草纹样于上下盘交替饰之。平座托一层塔身，青砖砌筑，转角施方形竖砌棱柱，东、北、西、南四面柱间置仿木砖雕门，南门上置凹龛嵌方形"重庆宝塔"匾额一块；其余墙面中间做券形凹龛，龛内施直棂盲窗。此外，八面门窗之上均嵌八卦符号雕砖，南部为"离"。转角棱柱上端两侧施砖雕仿木雀替。上承平板枋，再托斗栱，一斗二升，转角斗栱施斜栱。上承仿木撩檐枋、方椽及叠涩檐口。二至四层，形制相同，各层转角施仿木砖雕圆柱，不到地。其下各面约三到四匹砖范围存缺砖空洞，推测为嵌置建筑构件所用。现原构件遗落，推测此件应与圆柱底部组合，形成完整的建筑形态。塔四层之上遗失，仅残存塔心柱1根（抑或为刹柱，因顶部遗失，不能确定）。

[1] 王忠林. 秦皇岛市地名词典 [M]. 天津：天津人民出版社，1994：600.

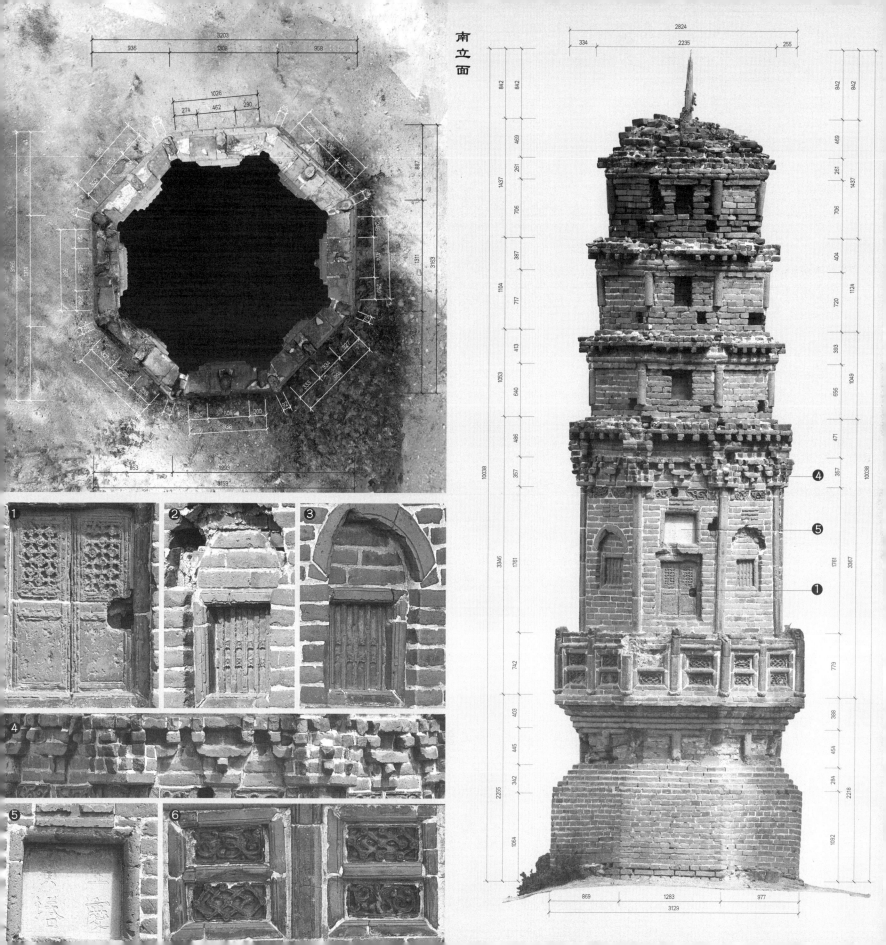

南立面

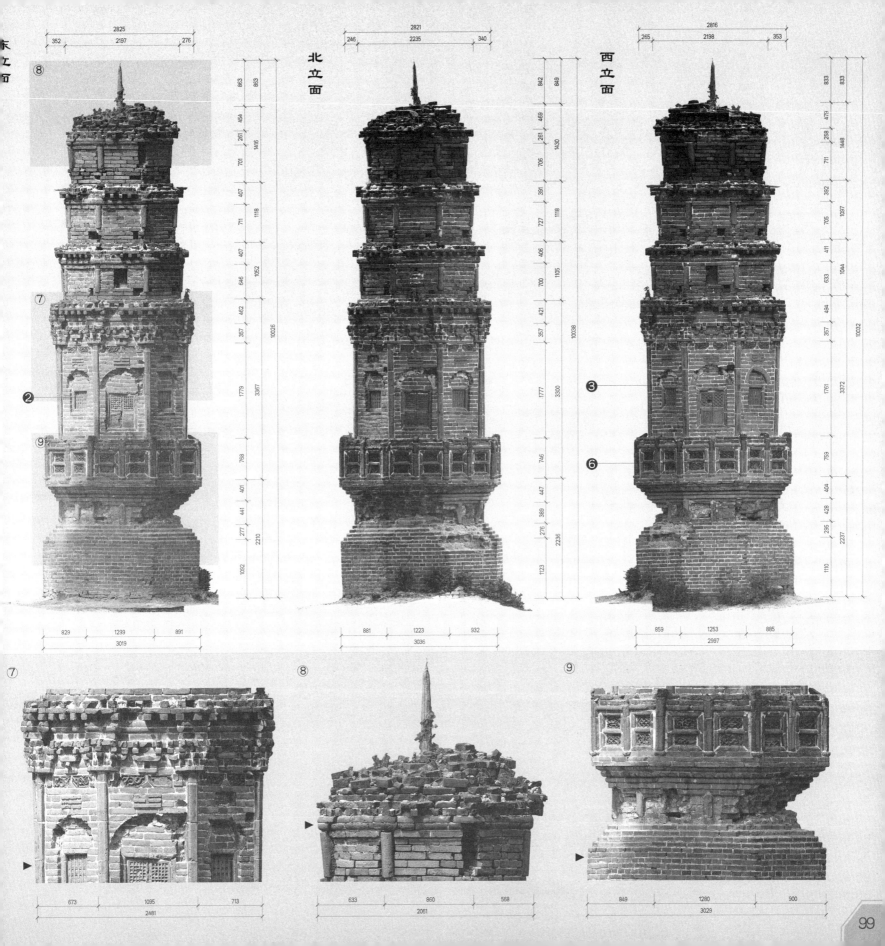

北立面

西立面

源影寺塔

河北省秦皇岛市昌黎县
39°42'35.79''N, 119°9'9.98''E
2017-01-01

　　源影寺塔位于河北省秦皇岛市昌黎县碣石山南麓城内西北部源影寺路。始建年代不详，依形制推测，应建于金代（1115—1234年）。[1]明嘉靖二十年（1541年）重修。清代（1616—1911年）亦多次修缮。[2]1976年，唐山大地震导致塔身倾斜，顶部塌落。[3]明万历四十八年（1620年），昌黎知县杨于陛修寺，以塔旁水井，"水自有源，塔自有影"，命名"源影寺"。[4]2001年6月25日，被国务院公布为第五批全国重点文物保护单位。

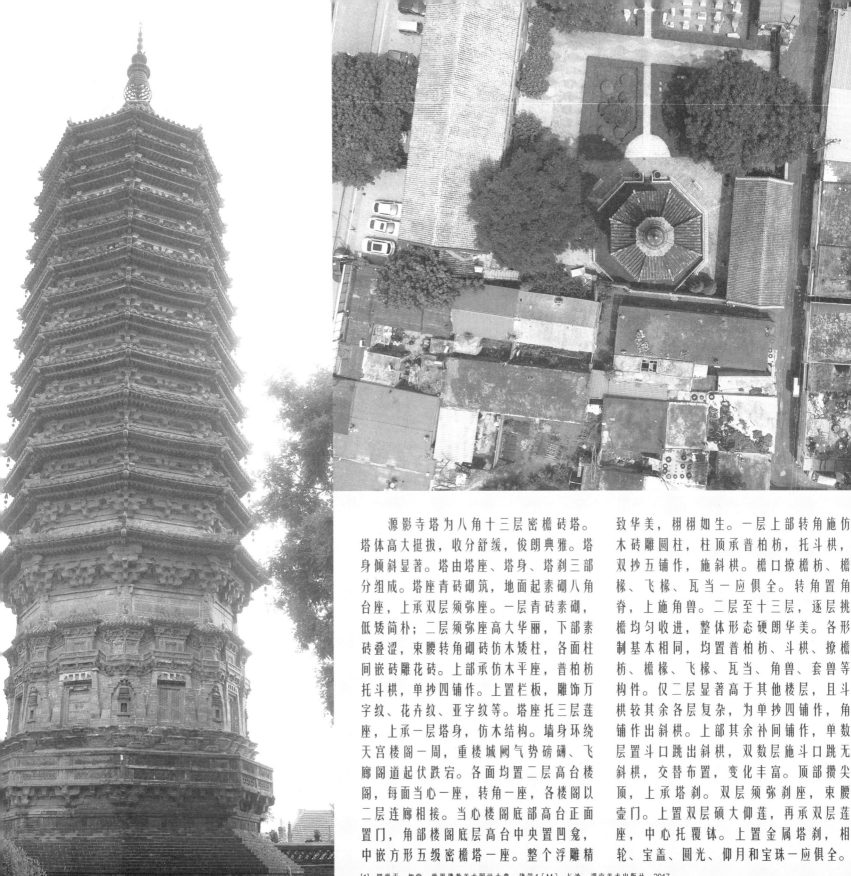

源影寺塔为八角十三层密檐砖塔。塔体高大挺拔，收分舒缓，俊朗典雅。塔身倾斜显著。塔由塔座、塔身、塔刹三部分组成。塔座青砖砌筑，地面起素砌八角台座，上承双层须弥座。一层青砖素砌，低矮简朴；二层须弥座高大华丽，下部素砖叠涩，束腰转角砌砖仿木矮柱，各面柱间嵌砖雕花砖。上部承仿木平座，普柏枋托斗栱，单抄四铺作。上置栏板，雕饰万字纹、花卉纹、亚字纹等。塔座托三层莲座，上承一层塔身，仿木结构。墙身环绕天宫楼阁一周，重楼城阙气势磅礴、飞廊阁道起伏跌宕。各面均置二层高台楼阁，每面当心一座，转角一座，各楼阁以二层连廊相接。当心楼阁底部高台正面置门，角部楼阁底层高台中央置凹龛，中嵌方形五级密檐塔一座。整个浮雕精

致华美，栩栩如生。一层上部转角施仿木砖雕圆柱，柱顶承普柏枋，托斗栱，双抄五铺作，施斜栱。檐口撩檐枋、檐椽、飞椽、瓦当一应俱全。转角置角脊，上施角兽。二层至十三层，逐层挑檐均匀收进，整体形态硬朗华美。各形制基本相同，均置普柏枋、斗栱、撩檐枋、檐椽、飞椽、瓦当、角兽、套兽等构件。仅二层显著高于其他楼层，且斗栱较其余各层复杂，为单抄四铺作，角铺作出斜栱。上部其余补间铺作，单数层置斗口跳出斜栱，双数层施斗口跳无斜栱，交替布置，变化丰富。顶部攒尖顶，上承塔刹。双层须弥刹座，束腰壶门。上置双层硕大仰莲，再承双层莲座，中心托覆钵。上置金属塔刹，相轮、宝盖、圆光、仰月和宝珠一应俱全。

[1] 罗世平, 如常. 世界佛教美术图说大典：建筑4 [M]. 长沙：湖南美术出版社, 2017.
[2] 《全国重点文物保护单位》编辑委员会. 全国重点文物保护单位（第一批至第五批）：第Ⅰ卷 [M]. 北京：文物出版社, 2004：231.
[3] 舒艳, 门玥然. 燕赵沃野 河北（一）[M]. 北京：中国旅游出版社, 2015.
[4] 杨于陛. 重修源影寺记. 明万历四十八年（1620）.

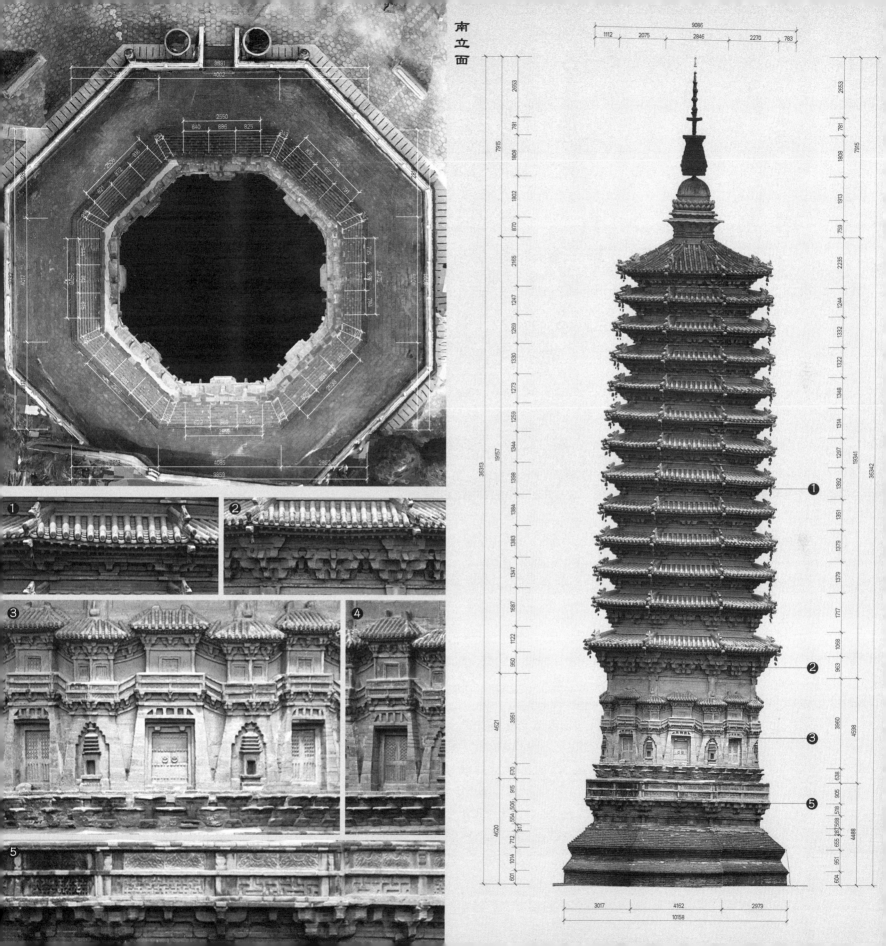

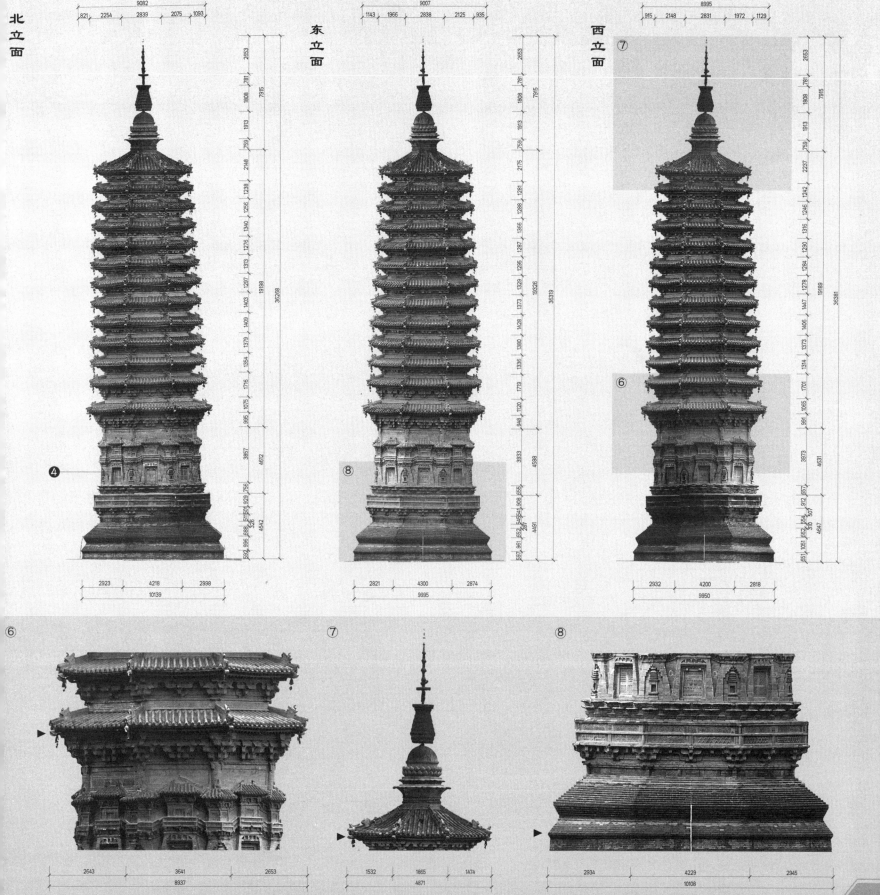

北立面

东立面

西立面

双阳塔

河北省秦皇岛市昌黎县
39°31'10.53"N，119°5'33.75"E
2017-01-01

　　双阳塔位于河北省秦皇岛市昌黎县荒佃乡陈青坨村西南约200米处，周边农田一马平川，塔体甚显高大。双阳塔始建于明万历四十一年（1613年）。原有东、西两塔，分称"赵翁宝塔"和"郑翁宝塔"。两塔间曾建有朝阳庵，故名双阳塔。[1]据村民口述，双阳塔为封镇所用之风水塔，现仅存东塔。2008年10月23日，被河北省人民政府公布为第五批省级文物保护单位。

　　双阳塔为八角五层密檐砖塔。塔由台基、塔座、塔身、塔刹四部分组成。塔体高度适中，挺拔俊丽，收分舒缓。台基为现代青砖砌筑方台。台面中央承须弥塔座，地面起素砌八角台座，上承双层须弥座。一层青砖素砌，低矮简朴；二层须弥座，上下枋素砖叠涩砌筑，分别雕一匹仰覆莲、一匹半混。束腰甚高，每面内嵌雕刻方砖，饰植物、动物图案。座上托平座，简洁素雅。望柱间置雕刻方砖，图案同束腰。其上承一层低矮塔身，转角竖砌简素仿木圆柱，正南面一层檐下嵌青石匾额，阴刻"赵翁宝塔"及"万历癸丑孟夏吉旦修建"字样。上部托叠涩塔檐，檐下雕一匹半混，上承一匹仿木飞椽，简洁素朴；檐上叠涩做法。其余二至五层形制均与一层檐部相同。顶部砖雕塔刹，三层仰莲，承托宝瓶。现塔刹为修缮新做，原塔刹遗失。

[1] 田强. 昌黎赵翁宝塔 [J]. 文物春秋，2013（5），42-44.

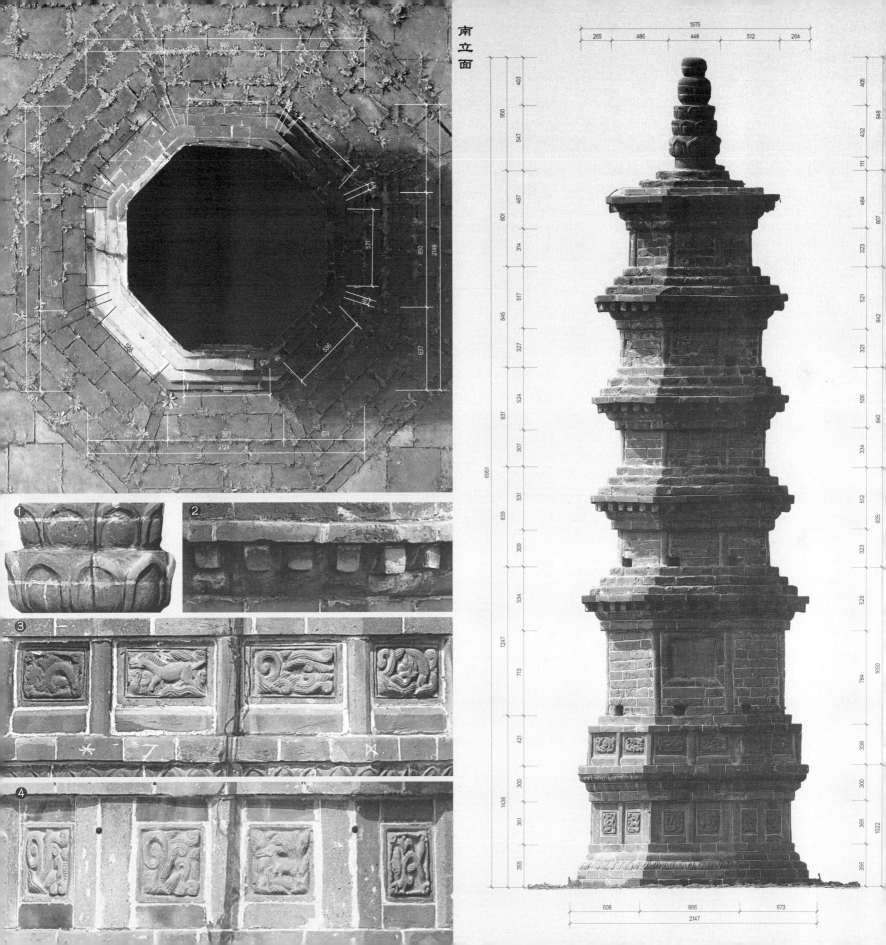

南立面

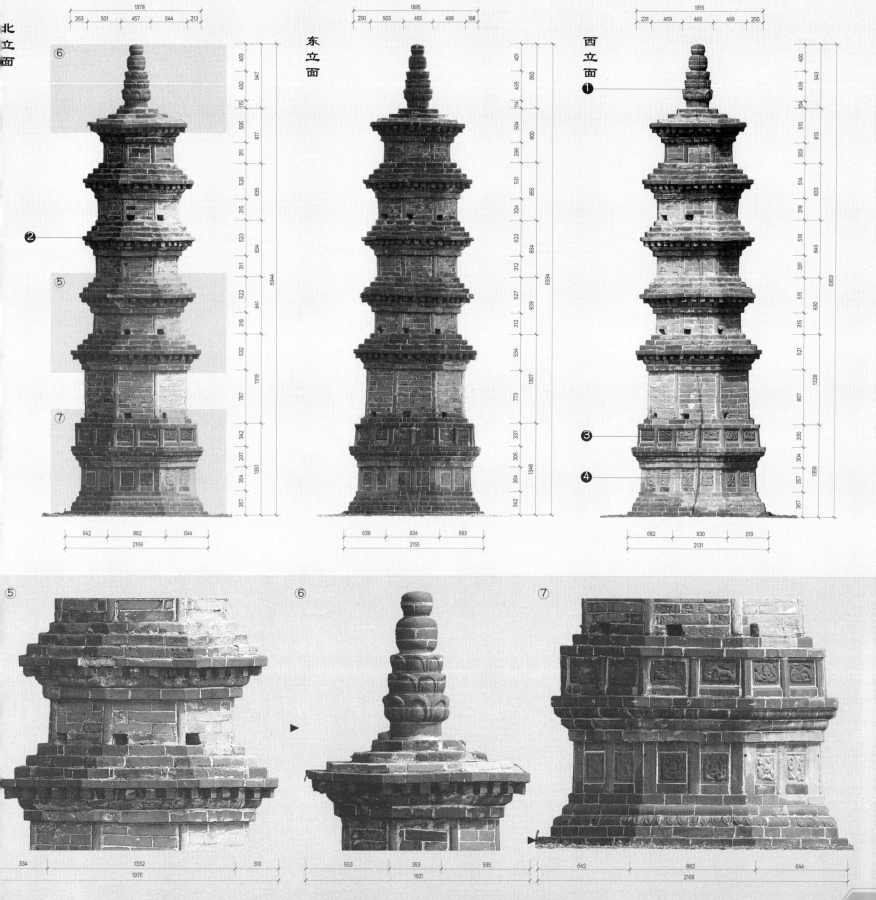

北立面

1978
263 | 501 | 457 | 544 | 213

⑥

403 947
430
115
506 817
311
520 835
315
523 834
311
522 841
318
532 1319
787
342 1351
297
354
357

6944

②

⑤

⑦

642 | 882 | 644
2168

东立面

1895
250 | 503 | 455 | 499 | 188

401 950
435
114
504 800
296
531 855
324
522 834
312
527 839
312
534 1307
773
337 1348
305
364
342

6934

638 | 834 | 683
2155

西立面

1915
231 | 469 | 466 | 499 | 250

❶

400 943
439
104
510 813
303
514 833
318
518 849
331
515 830
315
521 1328
807
330 1358
304
357
367

6953

❸

❹

682 | 830 | 619
2131

⑤

334 | 1332 | 310
1976

⑥

553 | 353 | 595
1501

⑦

642 | 882 | 644
2168

智度寺塔

河北省保定市涿州市
39°29′45.31″N，115°57′59.15″E
2020-10-04

　　智度寺塔位于河北省保定市涿州市内西北部，原涿州古城东北角智度寺内。塔始建于辽太平十一年（1031年），[1] 因寺得名。智度寺塔为法身舍利塔，塔顶置太平十一年无垢净光陀罗经碑，又称无垢净光舍利塔。智度寺塔与其北部云居寺塔并称"双塔晴烟"，古"涿州八景"之一。[2] 2001年6月25日，被国务院公布为第五批全国重点文物保护单位。

　　智度寺塔为八角五层仿木楼阁式空心砖塔。塔身高大，逐层收进，各层收分不显著。整身敦厚端庄，装饰精致。整体沟纹青砖垒砌，砖质细腻，音响清脆。塔由塔座、塔身、塔刹三部分组成。塔座须弥式，低矮稳重，青砖砌筑。下枋砖砌素简，混枭线接束腰，束腰转角施雕砖花柱，各面劈五间，花柱间隔，当心施壶门深龛。上置普柏枋，托斗栱，双抄五铺作，托平座，无勾栏。上承一层塔身，高仿木雕砖结构，转角施圆形倚柱，各面开三间，心间宽，次间窄。南、东、北、西各面中间劈圆券门，门楣饰纹；四隅面施直棂盲窗。墙身上置阑额、普柏枋，托斗栱，双抄五铺作，角科出斜栱。上承撩檐檩、檐椽、飞椽、转角套兽，檐上布瓦，施角脊、仙人、走兽。上承斗栱托平座，无勾栏。其上二至五层形制相同，仿木构件精美繁复。屋顶八角攒尖顶，布瓦出脊，施仙人走兽。上承塔刹，须弥小刹座，八角施圆柱，各面中置壶门，上承硕大双层仰莲，舒展开阔，上承白色宝珠，浑圆饱满。

[1] 罗世平, 如常. 世界佛教美术图说大典：建筑 4 [M]. 长沙：湖南美术出版社, 2017：1280-1281.
[2] 韩玉哲. 保定地域遗存古塔考述及文献整理 [D]. 保定：河北大学, 2016.

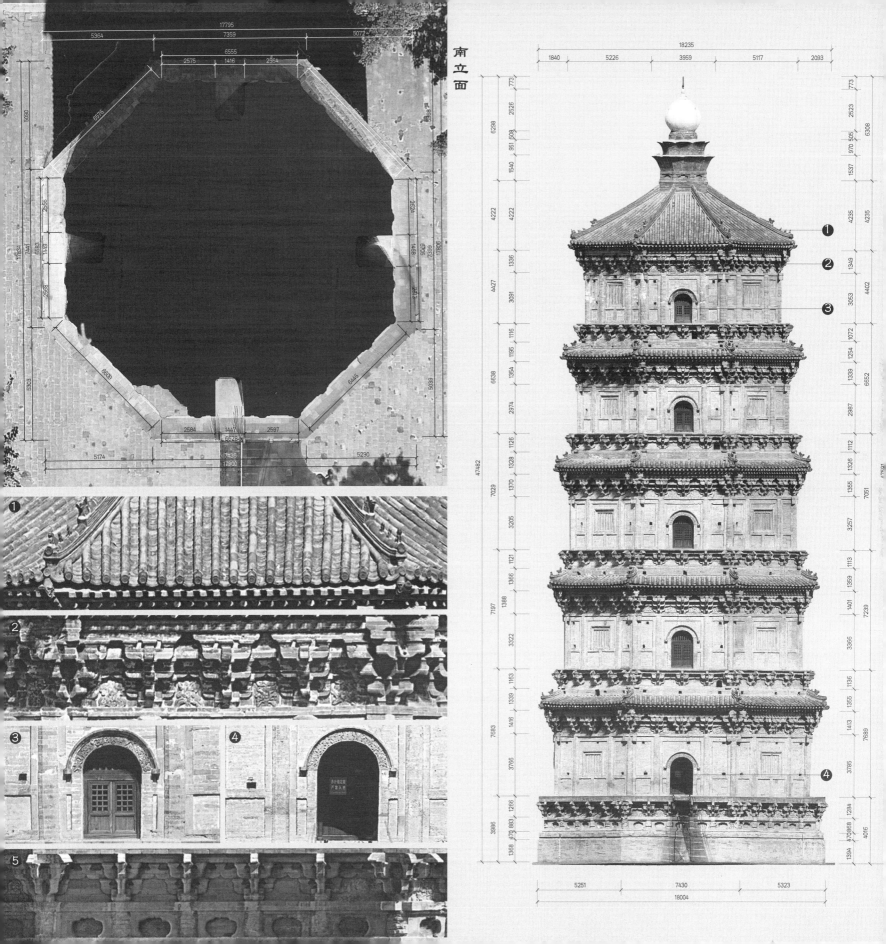

南立面

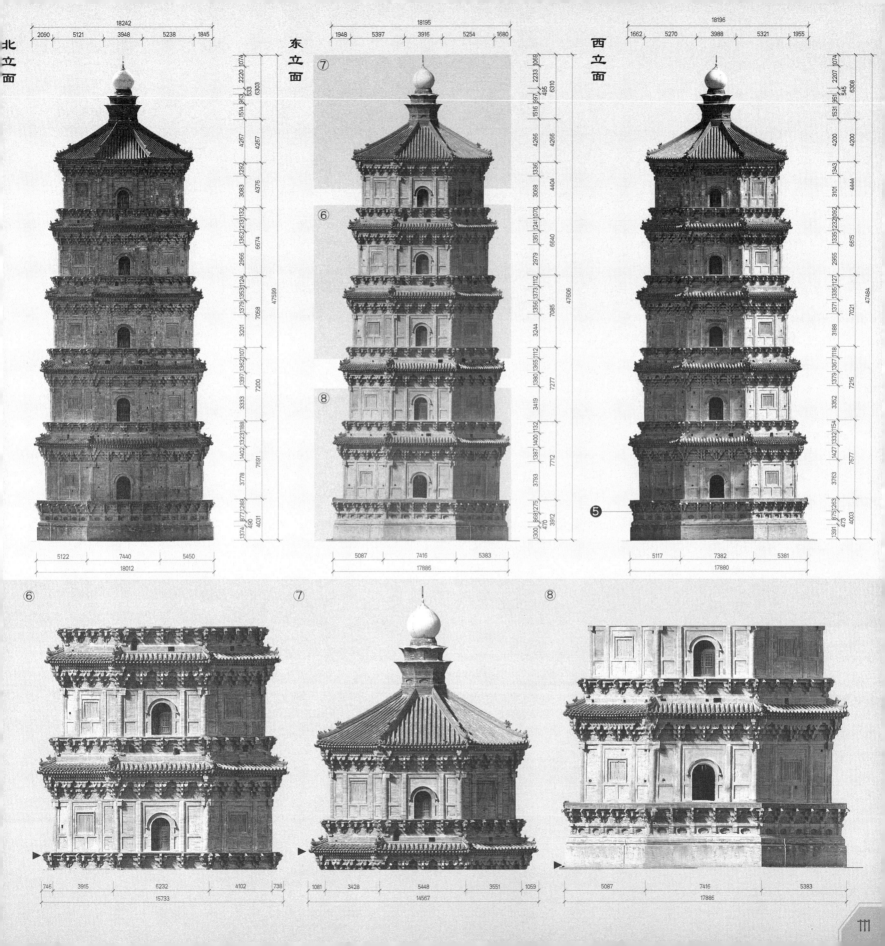

永安寺塔

河北省保定市涿州市
39°29'38.31''N，116°5'23.48''E
2020-10-03

　　永安寺塔位于河北省保定市涿州市刁窝乡塔照村北，刁佟路南田地树林中，原永安寺内，寺毁仅塔存。永安寺塔始建年代不详，据形制考察，应为辽代（907—1125年）建筑。塔因永安寺得名，亦因位于塔照村，当地又名"塔儿照塔"。2013年3月5日，被国务院公布为第七批全国重点文物保护单位。

永安寺塔为八角密檐实心砖塔，现为六层残塔，上部毁损，有说原塔七层。[1] 塔身粗壮高大，敦重古朴，逐层收进，塔体残破沧桑。曾施白灰皮饰面，现斑驳脱落。塔由塔座、塔身、塔刹三部分组成。塔座须弥式，高大稳重，青砖砌筑。下枋素简，为现代修复形态；上枋束腰破坏严重，饰件脱落，难以辨识原形态。据现状推测，应施平座勾栏。上承莲座，残损严重，仅依稀辨认两三层。上置一层塔身，青砖砌筑，仿木雕砖，转角施幢式小塔。东、北、西、南各面劈圆券门，门楣雕纹饰。南门施深龛，内置佛像，无塔心室；四隅面施直棱盲窗。一层塔身上端施如意挂落饰，上置普柏枋，托斗栱，双抄五铺作，出斜栱。上承撩檐枋、檐椽、飞椽。檐口曲翘，檐上无脊无瓦，叠涩退台坡屋顶。檐上二至六层密檐叠置，塔身低矮。各檐叠涩出檐，出挑深远，平直薄丽。塔顶构件遗失，毁损掉落严重。

[1] 李国英. 四季保定 [M]. 石家庄：河北人民出版社，2012：194.

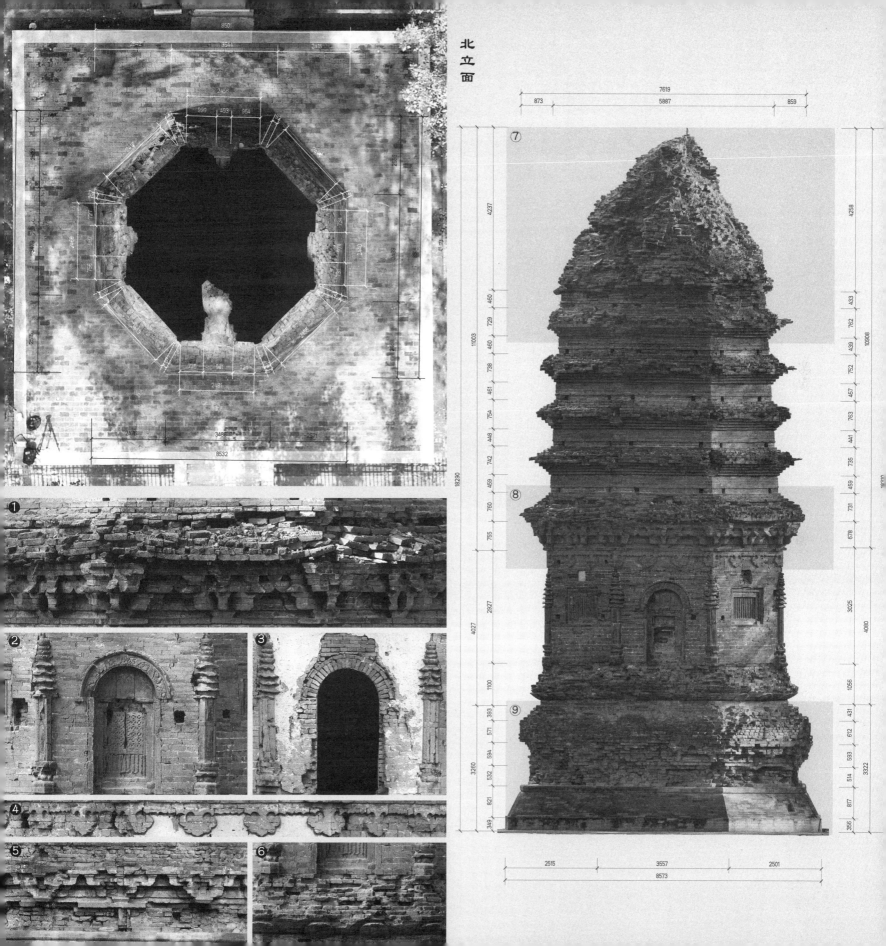

北立面

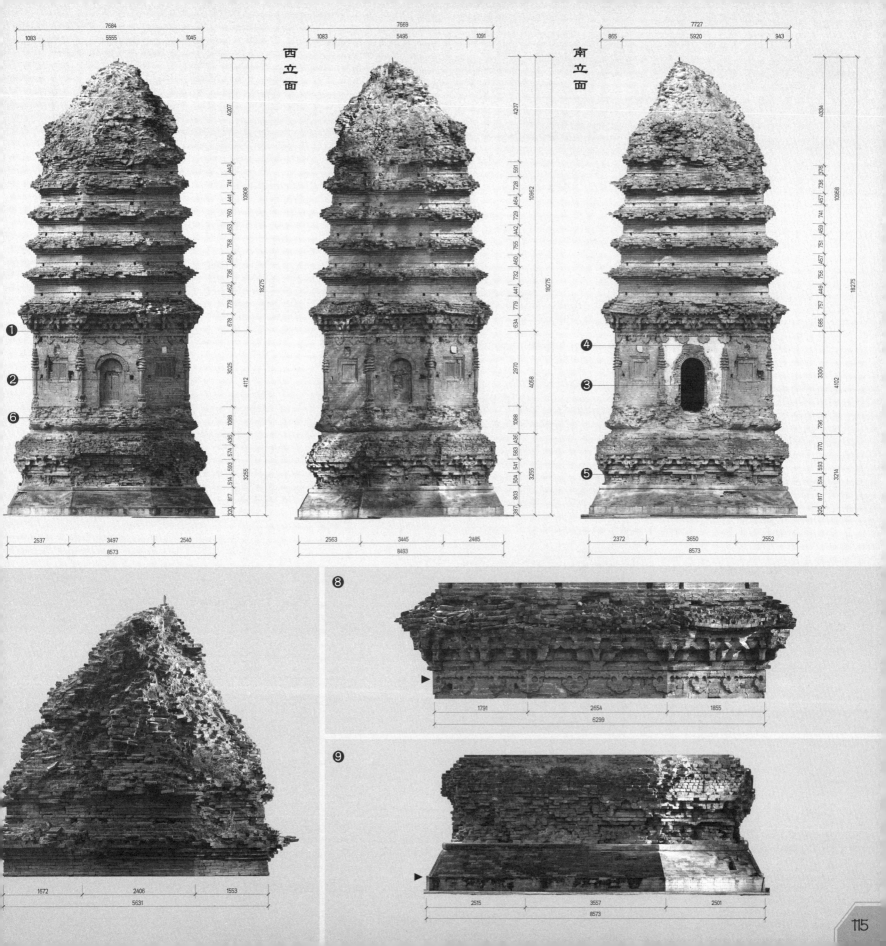

庆华寺塔

河北省保定市涞水县
39°28′51.65″N, 115°34′56.28″E
2020-10-01

　　庆华寺塔位于河北省保定市涞水县洛平村北龙宫山南麓南坡，原庆化寺南崖边平台。周边峰峦环抱，塔俯览峡谷，形势俱佳。原寺毁，仅存塔。[1]据当地村民口述，庆化寺塔又名伶山塔，传说与纪念华夏音乐始祖伶伦创作皇帝家庙祭祀音乐相关，塔因寺得名。2001年6月25日，被国务院公布为第五批全国重点文物保护单位。

　　庆华寺塔形制特异，八角单层托巨大塔刹，刹身饰密集累叠小塔，似硕大花棒，饱满繁盛，寓意"莲花藏世界"。塔身高度适中，下部层次丰富，上部曲张有度，饱满圆润。塔体沧桑奇秘，精致华丽。曾施白灰皮饰面，现斑驳脱落。塔由台基、塔座、塔身、塔刹四部分组成。台基大致长方形，南部方正，北部三边，毛石砌筑，台面方砖漫铺。塔座双层须弥式，青砖砌筑。下座上、下枋叠涩混枭组合覆莲，层次丰富。束腰饰斗栱，单斗替木，为后世修复造型；上座下枋混枭组合接束腰，束腰转角施力士，孔武有力。各面开两间，中柱饰花柱，华丽繁复。上承平板枋，托斗栱平座。斗栱双抄五铺作，角科出斜栱。平座矮薄，寻仗、地栿、栏板一应俱全。上承仰盆式小座，托一层塔身，雕砖仿木结构。转角施圆倚柱，东、北、西、南各面劈圆券门，门楣饰卷草纹，门上角嵌飞天雕砖。门内施深龛，内置佛像，无塔心室；四隅面施直棂盲窗。上置普柏枋，托斗栱，双抄五铺作，出斜栱。上承撩檐槫、檐椽、飞椽。檐口平直，檐上无脊无瓦，漫铺平砖。上承硕大塔刹，底置须弥小座，托华丽饱满花棒。周身饰八层佛龛，共一百零四座佛龛。一、二层为二层楼阁式塔，周身十六座。高低错落兼置，塔间飞廊阁道，起伏跌宕，气势磅礴；三至七层，每层环十六座单层塔，塔劈壶门龛洞，塔檐平直，角部高翘，塔顶置葫芦状小塔刹；第八层周身八座单层塔，形制与下层相同。[2]花棒顶部托双层叠涩塔顶，为现代修复形态，原塔刹毁损。

[1] 尚校戍. 京津冀地区花塔研究 [D]. 北京：北京建筑大学，2019.
[2] 韩玉哲. 保定地域遗存古塔考述及文献整理 [D]. 保定：河北大学，2016.

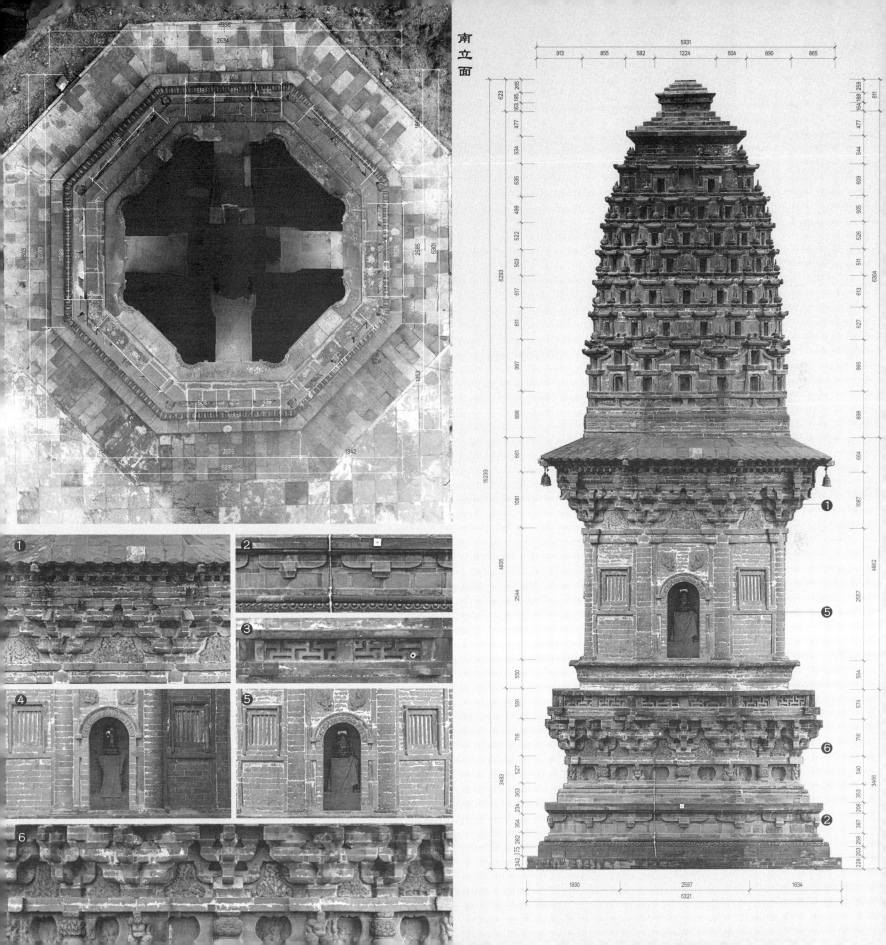

南立面

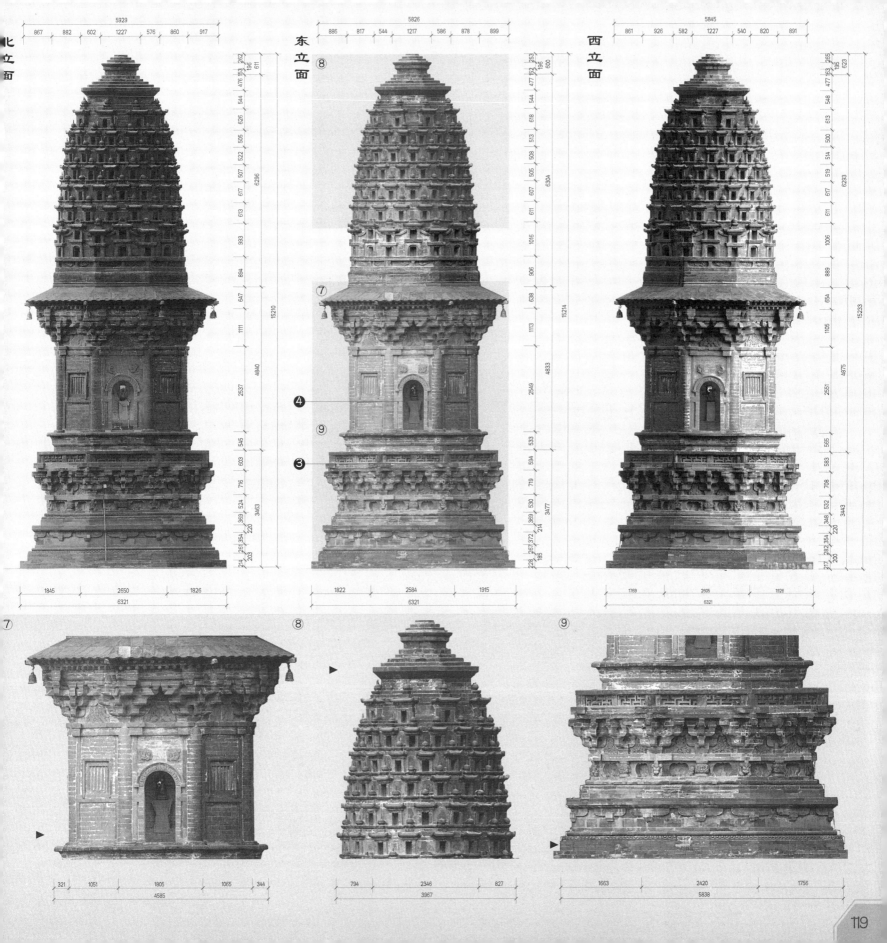

北立面

东立面

西立面

⑦

⑧

⑨

西岗塔

河北省保定市涞水县
39°23′59.39″N，115°41′57.83″E
2020-10-06

西岗塔位于河北省保
定市涞水县城内西北部西岗
上，俯览全城，因而得名西岗
塔，始建于辽金时期（960—
1279年）。[1]西岗塔兼具佛教
和军事功能，古时涞水位于辽
宋边境，西岗塔具有军事防御
瞭望之用，亦称料敌塔，为古
涞水八景之一。[2]2006年5月
25日，被国务院公布为第六
批全国重点文物保护单位。

西岗塔为八角十三层密檐砖塔，兼具楼阁式。内部双层筒式结构，塔心柱与塔壁形成回廊，间置楼梯直至塔顶。[3]塔身高大耸立，逐层收进，略曲微弛。塔体挺拔硬朗，精致华美。曾施白灰皮饰面，现斑驳脱落。塔由塔座、塔身、塔刹三部分组成。塔座须弥式，青砖砌筑，下枋叠涩混枭收束接束腰，披硕大如意挂落。束腰短矮，转角施花柱，各面开三间凹龛，龛内素白。上承斗栱平座，华丽繁复。斗栱双抄五铺作，角铺作出斜栱；平座望柱、寻仗、栏板一应俱全，栏板回纹、万字纹。上托三层仰莲座，莲叶硕大肥厚。塔座上承一层塔身，转角施幢式小塔，四正面劈圆券门，通回廊。门楣饰雕砖薄檐；四隅面施直棂盲窗。一层塔身上端施如意挂落雕饰，托斗栱，双抄五铺作，施鸳鸯交首栱。承撩檐枋、檐椽、飞椽。檐口微曲，檐上无瓦，做叠涩退台坡屋顶。其上二至十二层，密集布檐，矮塔身。上、下檐叠涩出挑，深远平直，檐上无瓦。屋顶八角攒尖式，布瓦。屋顶施双层仰莲刹座，舒展开阔。上承双层包络莲瓣，含桃形宝珠，圆润饱满。四、八、十一层塔身各面劈方洞，以便瞭望。十三层高度、形制突变，塔身高亢，仿木楼阁式。转角施木柱，四正面劈圆券门；四隅面素砌。塔身上端施阑额、平板枋，托斗栱，单抄四铺作。承撩檐檩、檐椽、飞椽，转角施套兽。屋顶八角攒尖式，布瓦施走兽。屋顶施八角棱柱颈，托三层硕大受花。顶部叠涩收头，无宝珠，原刹顶已毁。

[1] 韩玉哲. 保定地域遗存古塔考述及文献整理 [D]. 保定: 河北大学, 2016.
[2] 田林, 林秀珍. 河北辽代古塔建筑艺术初探 [J]. 文物春秋, 2003 (6): 42-47.
[3] 孙进巳, 苏天钧, 孙海. 中国考古集成·华北卷 [M]. 哈尔滨: 哈尔滨出版社, 1994: 979.

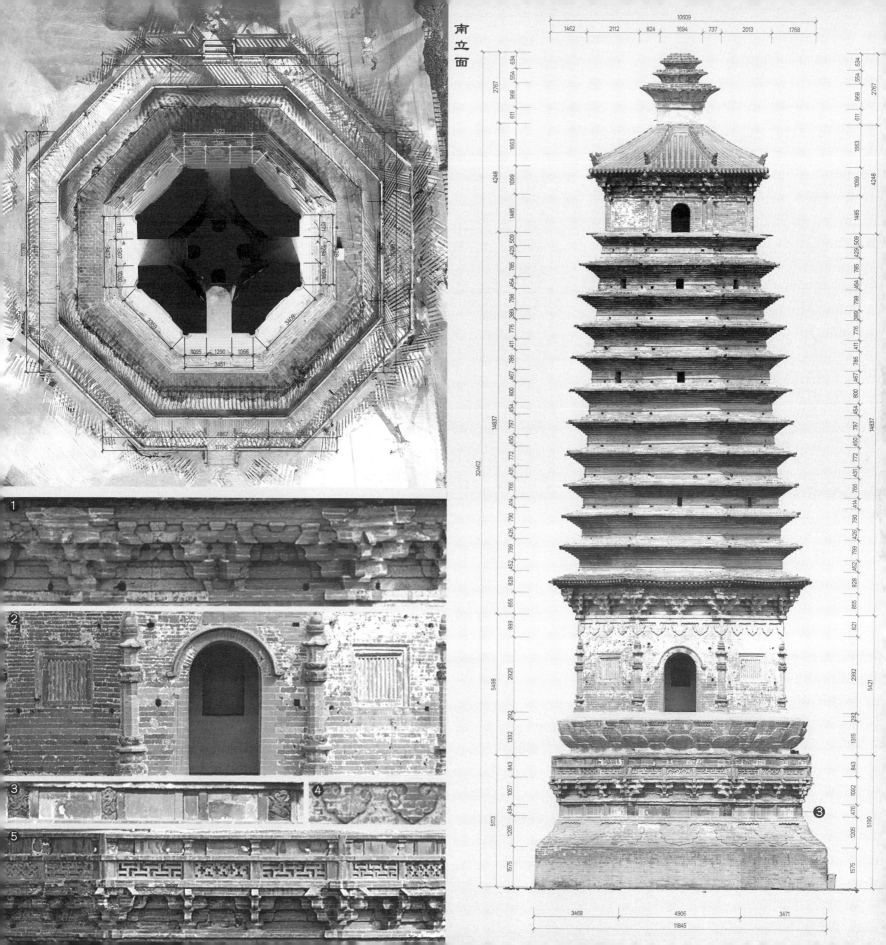

南立面

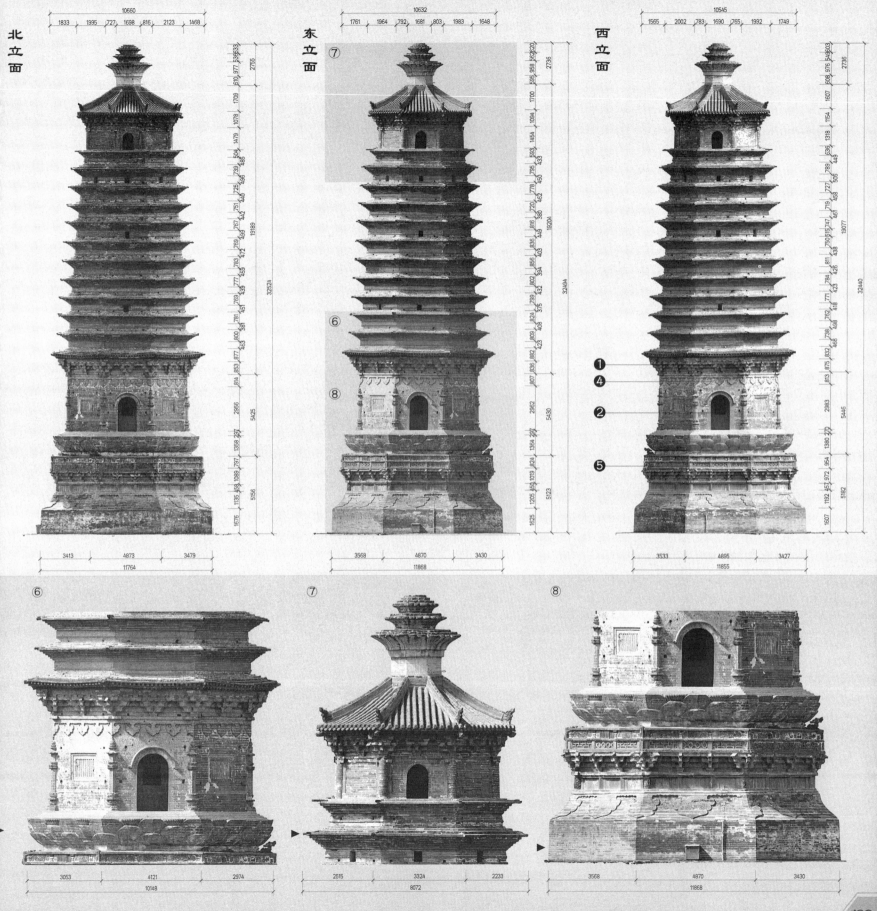

北立面

东立面

西立面

⑥　⑦　⑧

皇甫寺塔

河北省保定市涞水县
39°23′57.60″N, 115°47′35.54″E
2020-10-03

　　皇甫寺塔位于河北省保定市涞水县皇甫村东北约0.5千米处田地中，周边田野广阔平坦，高大塔身甚是显著。皇甫寺塔为金世宗完颜雍大定年间（1161—1189年）所建。[1]原为毗卢寺舍利塔，后寺毁，仅存古塔及石碑，塔便以村名命名。2013年3月5日，被国务院公布为第七批全国重点文物保护单位。

皇甫寺塔为八角十三层密檐实心砖塔。塔体高大，全塔收束较弱，规整端正，下部华丽精美，上部古朴硬朗，整身挺拔庄重。塔身施白灰皮面，现斑驳残落。塔座、塔身东部破坏极其严重，塔身倾斜。塔由台基、塔座、塔身、塔刹四部分组成。塔座长方形，毛石粗砌。中央置塔座，双层须弥式，层次丰富，线条复杂。底座下枋多层叠涩退台结合混枭组合，上接仿木雕砖束腰，转角饰方棱柱，各面素砌，大部分破坏严重，以红砖粗砌修补。上层须弥座下枋简洁叠涩接束腰，转角仿木小柱，各面素白。上承平板枋，托斗栱，斗口跳。上承平座，望柱、寻仗、栏板一应俱全，栏板素白。东部亦破坏严重。上承硕大混枭雕砖，似仰莲意

向。上接一层塔身，转角施幢式小塔，精美华丽。塔各面破坏严重，雕砖装饰失落严重，仅保留部分构件。南、东、北、西各面中部劈圆券假门；四隅面施方形盲窗。一层塔身顶端施如意挂落雕饰。上为普柏枋，托斗栱，单抄四铺作，角科出斜栱。上承撩檐枋、檐椽、飞椽。檐口平直，檐上无瓦，抹厚饰面。其上二至十三层，密集布檐，矮塔身，叠涩出挑，深远平直，檐上无瓦，亦施厚抹面。屋顶八角攒尖式，无瓦，叠涩退台坡屋顶。屋顶承塔刹，接高八角棱柱，上承双层仰莲刹座，舒展开阔。上承覆钵体，饱满圆润。再托铁质刹顶，须弥圆小座，再托覆钵，举葫芦宝珠，圆润饱满。

[1] 张文质，杜宏艳. 燕赵古桥古塔一百座 [M]. 北京：中国传媒大学出版社，2019：144.

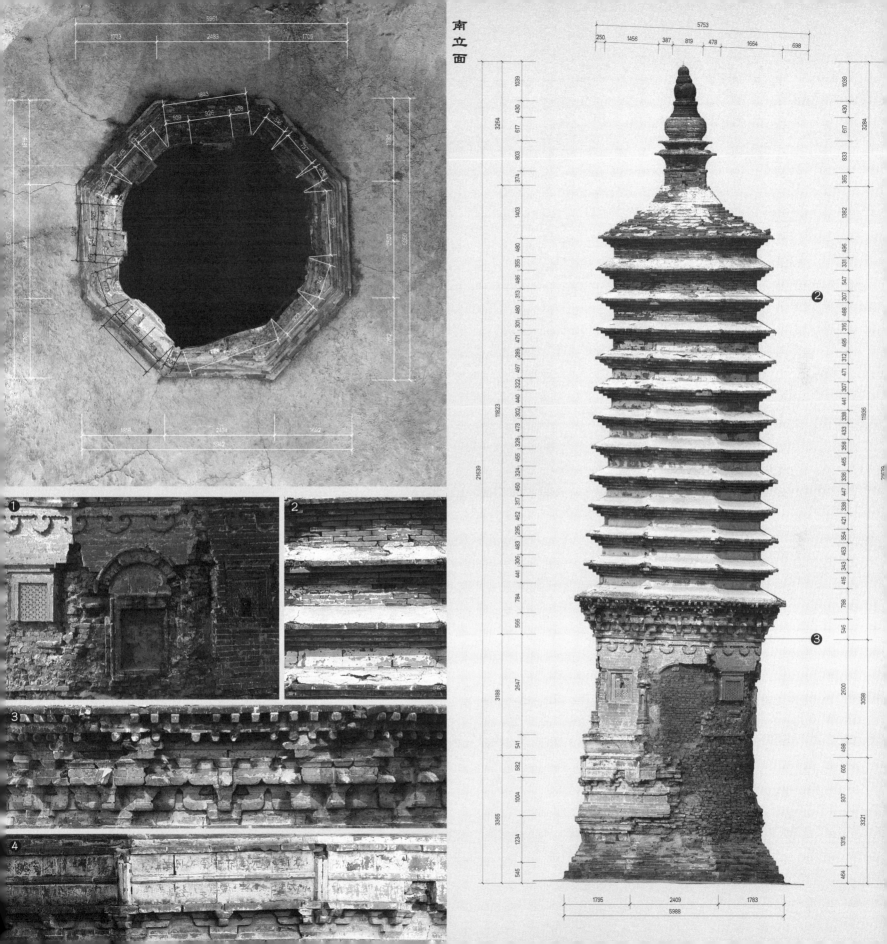

南立面

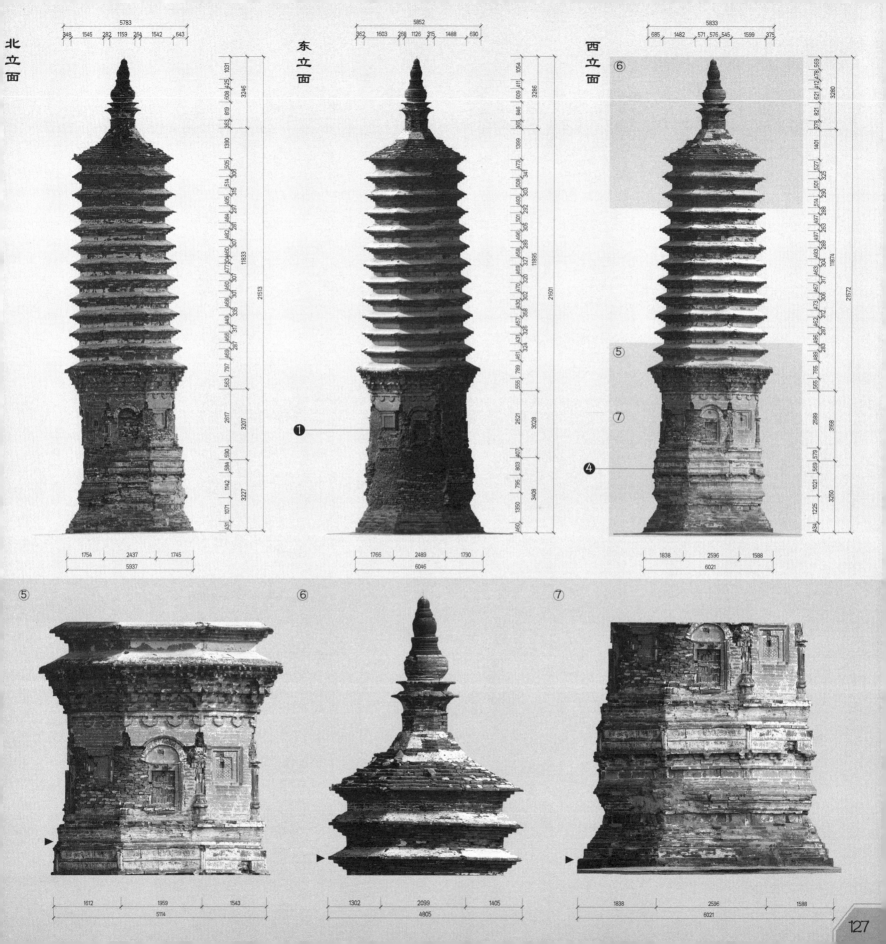

北立面

东立面

西立面

⑤ ⑥ ⑦

127

兴文塔

河北省保定市涞源县
39°21′2.26″N，114°41′26.89″E
2019-09-26

兴文塔位于河北省保定市涞源县城南部泰山宫内东南角，拒马源公园北部。兴文塔始建于唐天宝三年（744年）。自明代佛、道两教先后在塔侧建寺观。嘉靖十八年（1539年）由住泰山宫道人吉录保与千佛寺僧人德丹共同修缮。[1]据居民口述，兴文塔由唐天宝年间铸币匠人集资修建，寓"兴文重教"，塔碑记录涞源铸币事迹。2006年5月25日，被国务院公布为第六批全国重点文物保护单位。

　　兴文塔为八角五级阁楼式实心砖塔，首层塔身辟塔心室。塔体高度适中，各层收束甚微，硬朗方正。塔身敦厚肃整，规正端庄。塔身施白灰皮面，现斑驳残落。兴文塔由塔座、塔身、塔刹三部分组成。塔座须弥式，下置圭角，下枋雕砖覆莲，混枭组合接束腰，束腰置数道棱柱，上接混枭、仰莲，托上枋。上承一层塔身，雕砖仿木结构，转角施棱柱。正南面劈圆券门，内供水母娘娘神像，座下有古井，相传此水为涞水源头"北海第一泉"；东、北、西面劈假券门；四隅面施直棱盲窗。一层塔身上端施雕砖阑额、平板枋，托斗棋，双抄五铺作，角铺作出斜棋。承撩

檐檩、檐椽、飞椽，转角绿琉璃套兽。檐口平直薄利，檐上无瓦，施叠涩退台铺屋顶，檐端施雕砖滴水。上置平座，以斗棋托之，斗口跳。上托仿木勾栏，望柱、寻仗、栏板一应俱全，直棱栏板。上承一层塔身，东、北、西、南各面劈假券门，四隅面施直棱盲窗。二层檐部施雕砖阑额、平板枋，托斗棋，单抄四铺作，角铺作出斜棋。承撩檐檩、檐椽、飞椽，转角绿琉璃套兽。三至五层形制相仿。屋顶八角坡屋顶，叠涩退台，素简古朴。上承塔刹，须弥刹座。托硕大花蕉叶托座，座上承金属刹体，仰覆莲承三宝珠。

[1] 李向玲. 兴文塔的建筑特色与艺术价值 [J]. 中华建设, 2018 (5): 68-69.

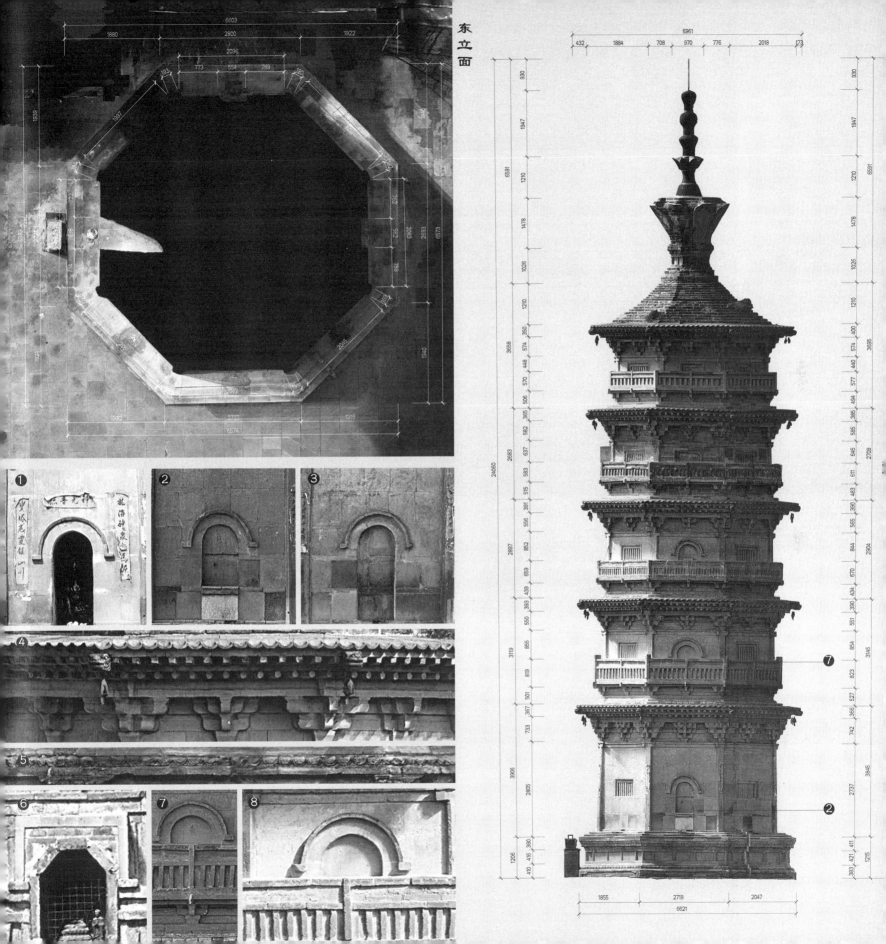

东立面

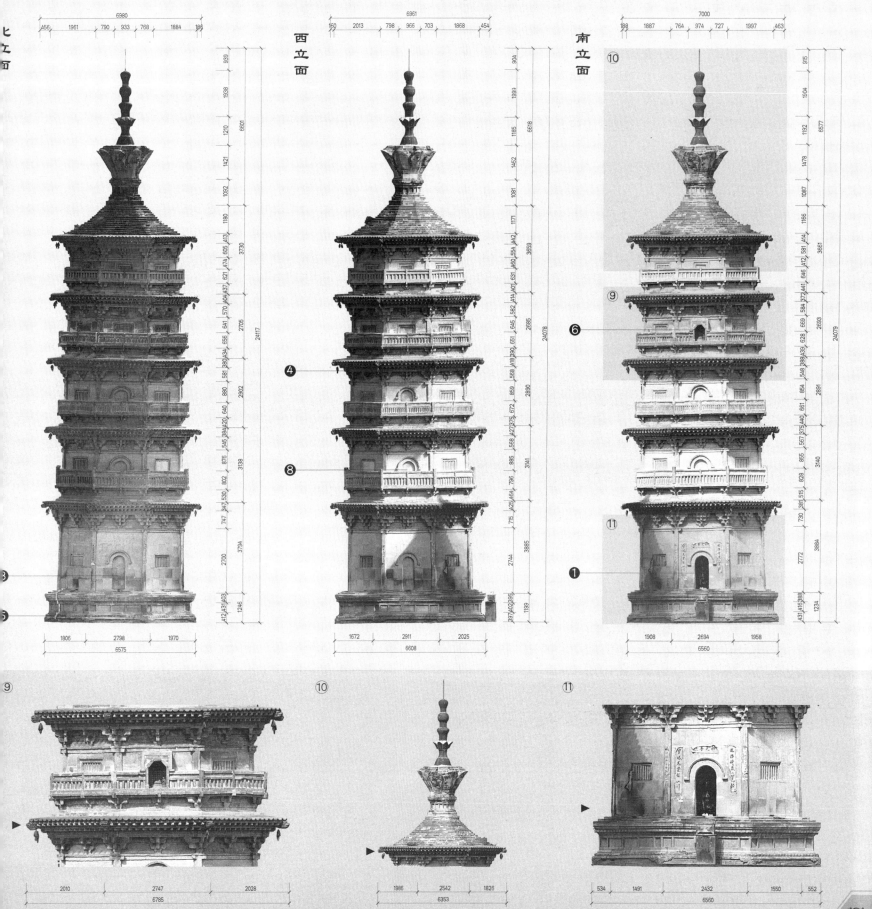

北立面

西立面

南立面

9

10

11

131

双塔庵北塔

河北省保定市易县
39°23′32.09″N，115°14′36.40″E
2020-09-26

双塔庵北塔位于河北省保定市易县西陵镇太宁寺村西北约1.5公里处崇山半腰，山势险峻，甚难到达。塔始建于金皇统四年（1144年），明万历十四年（1586年）重修。[1]塔南另存一塔，合称双塔庵双塔。近旁原建双塔庵，后毁损。塔旁立明万历"大明重修双塔碑记"和"重修双塔寺记"石碑。2013年3月5日，被国务院公布为第七批全国重点文物保护单位。

双塔庵北塔为八角十三层密檐砖塔，内置塔心室。塔体高大，下部华丽精美，上部厚重硬朗。整身收束适中，细节丰富，挺拔庄重。塔身施白灰皮面，现斑驳残落。双塔庵由塔座、塔身、塔刹三部分组成。塔座须弥式，下枋雕砖肥厚混枭组合曲线形态，施硕大如意挂落雕饰。上接仿木雕砖束腰，转角饰宝瓶状花柱，辅以直棱双柱，各面劈两间，多数当心素白，原雕祥云、金鱼、蝈虫、蝌蚪等图案。上承普柏枋，托砖雕斗栱，单抄四铺作，出斜栱。上托仿木平座，雕刻精美，望柱、寻仗、栏板一应俱全，栏板施万字、回形纹。

平座上承三层仰莲座，莲叶逐层扩大，雕作精美圆润。一层塔身南面辟圆券门，通塔心室，券楣雕飞天形象；东、北、西各面中劈圆券假门，门楣装饰宝相花、兽、卷草纹。四隅面施盲窗，饰花格。一层塔身上端施如意挂落雕饰，托斗栱，单抄四铺作，鸳鸯交首栱，角铺作出斜栱。承撩檐枋、檐椽、飞椽。檐口微曲，檐上布瓦。其上二至十三层，密集布檐，无塔身，叠涩出挑，深远平直，檐上布瓦。屋顶八角攒尖式，布瓦。屋顶施双层仰莲刹座，舒展开阔。上承双层包络莲瓣，含桃形宝珠，圆润饱满。

[1] 国家文物局. 中国名胜词典：精编本 [M]. 上海：上海辞书出版社，2001：111.

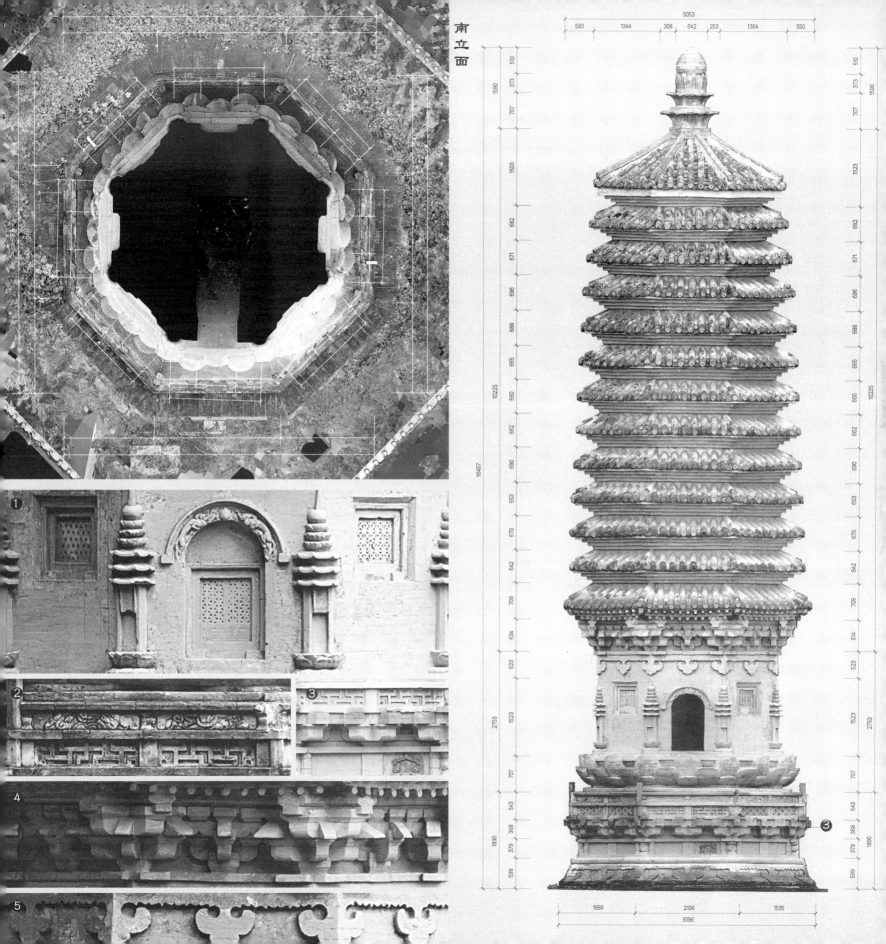

南立面

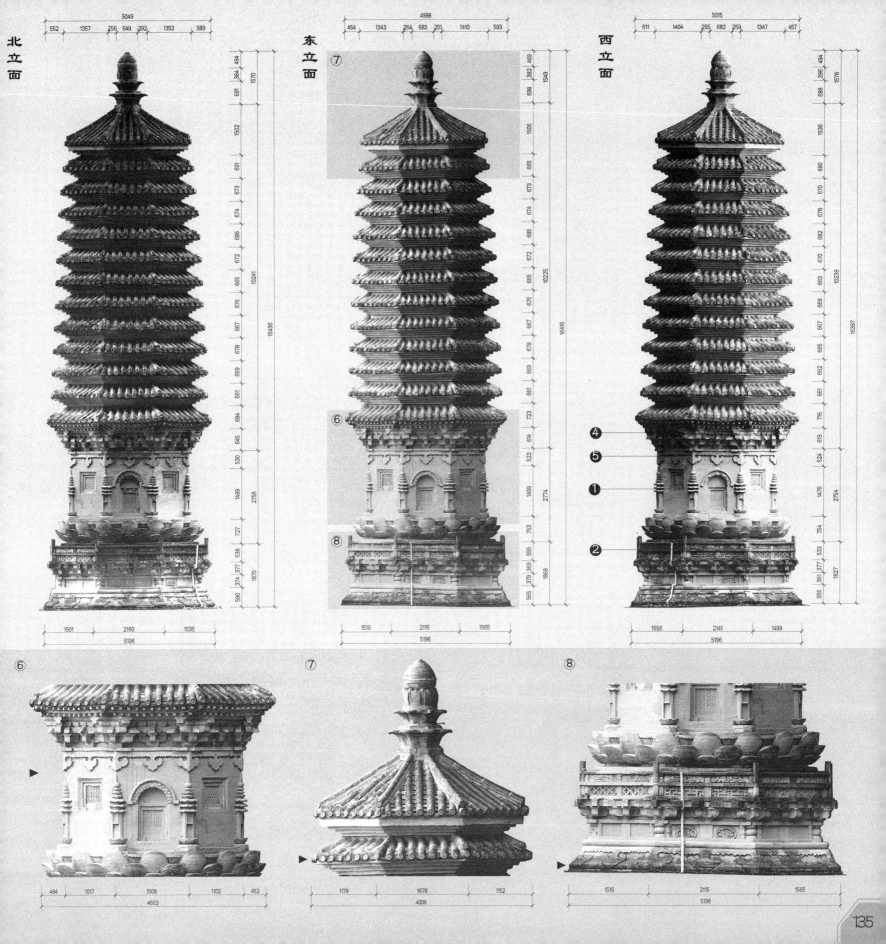

北立面

东立面

西立面

⑥ ⑦ ⑧

双塔庵南塔

河北省保定市易县
39°23′30.63″N，115°14′36.23″E
2020-09-26

　　双塔庵南塔位于河北省保定市易县西陵镇太宁寺村西北约1.5公里处崇山半腰，山势险峻，甚难到达。塔始建于金皇统四年（1144年），明万历十四年（1586年）重修。[1] 塔北另存一塔，合称双塔庵双塔。近旁原建双塔庵，后毁损。塔旁立明万历"大明重修双塔碑记"和"重修双塔寺记"石碑。2013年3月5日，被国务院公布为第七批全国重点文物保护单位。

　　双塔庵南塔为六角三层密檐与覆钵组合式实心砖塔。塔体高度适中，下部华丽精美，上部庄重硬朗。整身收束明显，层次丰富，形势升腾，挺拔华美。塔身施白灰皮面，现斑驳残落。塔由台基、塔座、塔身、塔刹四部分组成。台基石砌，立于悬崖之边。塔座须弥座式，下枋厚重，向上叠涩作混枭收束，饰硕大如意刻纹。上接仿木雕砖束腰，转角施宝瓶状花柱，各面两间，每间内置壶门与如意垂花组合凹龛。上承平板枋，托斗栱，单抄四铺作，角科出斜栱。上托仿木平座，雕刻精美，望柱、寻仗、栏板一应俱全，栏板施万字、回形纹。平座上承三层仰莲座，莲叶逐层扩大，雕作精美圆润。上托一层塔身，各转角施幢式小塔，精美秀丽。一层塔身正面辟圆券门，券楣雕飞天形象；其余各面饰雕砖假窗和盘龙首碑。塔身上端施如意挂落饰。上承叠涩砖雕混枭出檐，整体似仰盆。挑檐深远，檐口薄丽，平直硬朗。檐上作叠涩小坡顶。上承二、三层塔体，塔身亦饰如意挂落，塔檐形制与一层相同。再上承硕大半球形覆钵体，浑圆饱满，上部披硕大如意挂落雕饰。托六角须弥座，承双层仰莲，接相轮十三天塔脖。再承双层仰莲，含宝珠、刹顶。

[1]　国家文物局. 中国名胜词典: 精编本 [M]. 上海: 上海辞书出版社, 2001: 111.

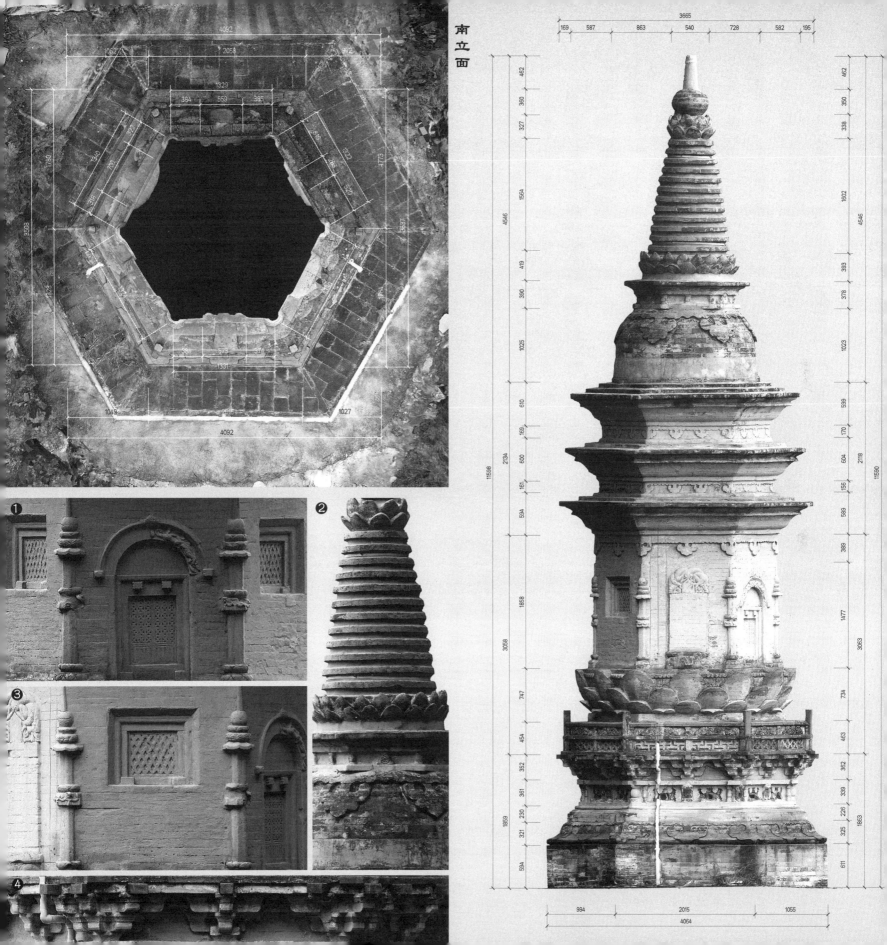

南立面

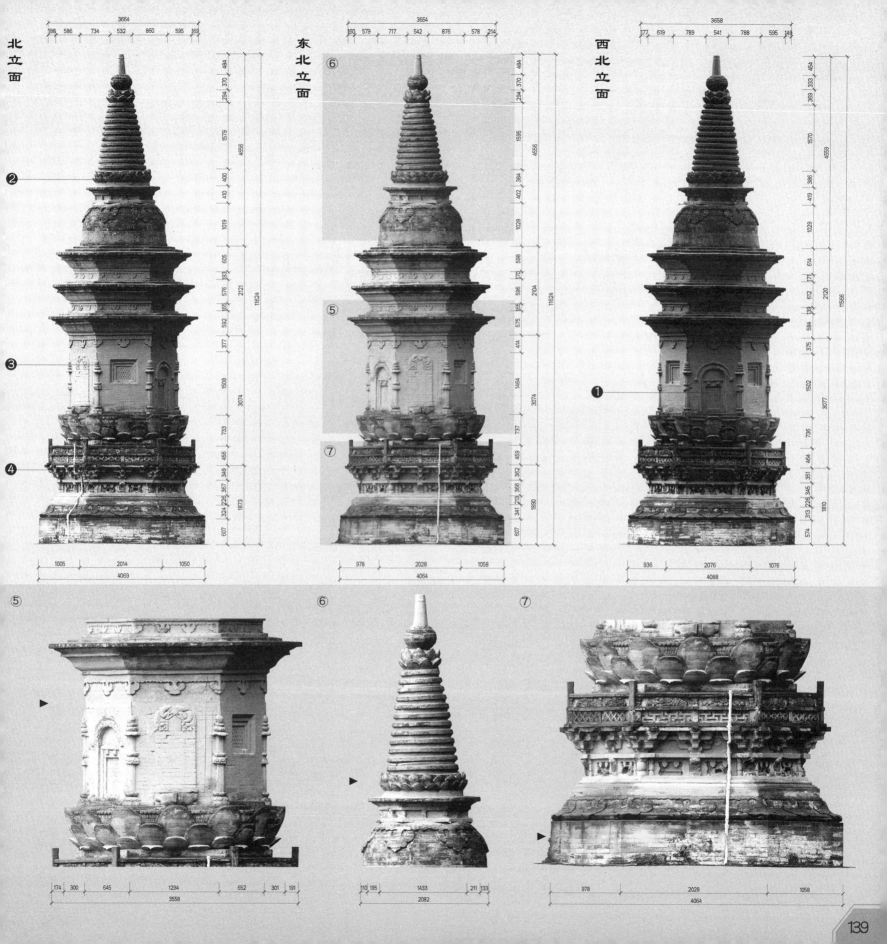

北立面

東北立面

西北立面

⑤

⑥

⑦

圣塔院塔

河北省保定市易县
39°20′33.45″N，115°27′2.12″E
2020-10-08

　　圣塔院塔位于河北省保定市易县县城西南荆轲山上，俯瞰易水，形势绝佳。塔始建于大辽乾统三年（1103年），《弘治易州志》载：为纪念荆轲，得名荆轲塔，后毁；明万历六年（1578年）重建寺院，定名圣塔院，又名圣塔院塔；明、清多次重修。[1] 塔下存明御史熊文熙亲题："古义士荆轲里"。塔重建应源于佛教，但因荆轲威名远播，后世多传为荆轲塔。[2] 2006年5月25日，被国务院公布为第六批全国重点文物保护单位。

　　圣塔院塔为八角十三层密檐实心砖塔。塔体高大挺拔，下部敦重高大，上部收束硬朗，挺拔俊伟。整身施白灰皮面，现斑驳残落。塔由台基、塔座、塔身、塔刹三部分组成。台基多层垒砌，宽大高亢，形状不规则。台基顶面南侧承塔座，高大繁复，青砖素砌，双层须弥座，承仿木平座。底层须弥座简洁素雅，下枋高厚，上枋薄利，两者以叠涩混枭连接束腰；上层须弥座华丽复杂，下枋叠涩退台，接仿木雕砖束腰，转角施花柱，各面两间，各间当心施壶门浅龛。束腰上承仿木平板枋，托斗栱，单抄四铺作，转角科出斜栱。上承平座，雕刻精美，望柱、寻杖、栏板一应俱全，栏板施万字、回形纹。平座上承四层仰莲座，雕作精美圆润。上托一层塔身，各转角施幢式小塔，精美秀丽。东、南、西、北各面劈圆券假门，部分破损；四隅面施直棂盲窗。塔身上端施如意垂饰，上接仿木平板枋，托斗栱，单抄四铺作，转角科出斜栱。再上撩檐枋、檐椽、飞椽一应俱全。檐上施叠涩退台坡屋顶，无脊无瓦。出檐较深，檐口平直，薄利硬朗。其上二至十三层，各层显著收矮，叠涩密檐，形制相同。各檐上下均为多层叠涩砌筑，深挑薄硬，素简古朴，转角施套兽。屋顶八角攒尖式，叠涩退台坡顶。屋顶施三层仰莲刹座，形式多变，上托橄榄状覆钵，再承相轮、宝珠、仰月、华盖、刹杆等。

[1] 国家文物局. 中国名胜词典：精编本［M］. 上海：上海辞书出版社，2001：110-111.
[2] 河北省地名委员会办公室. 河北名胜志［M］. 石家庄：河北科学技术出版社，1987：148-149.

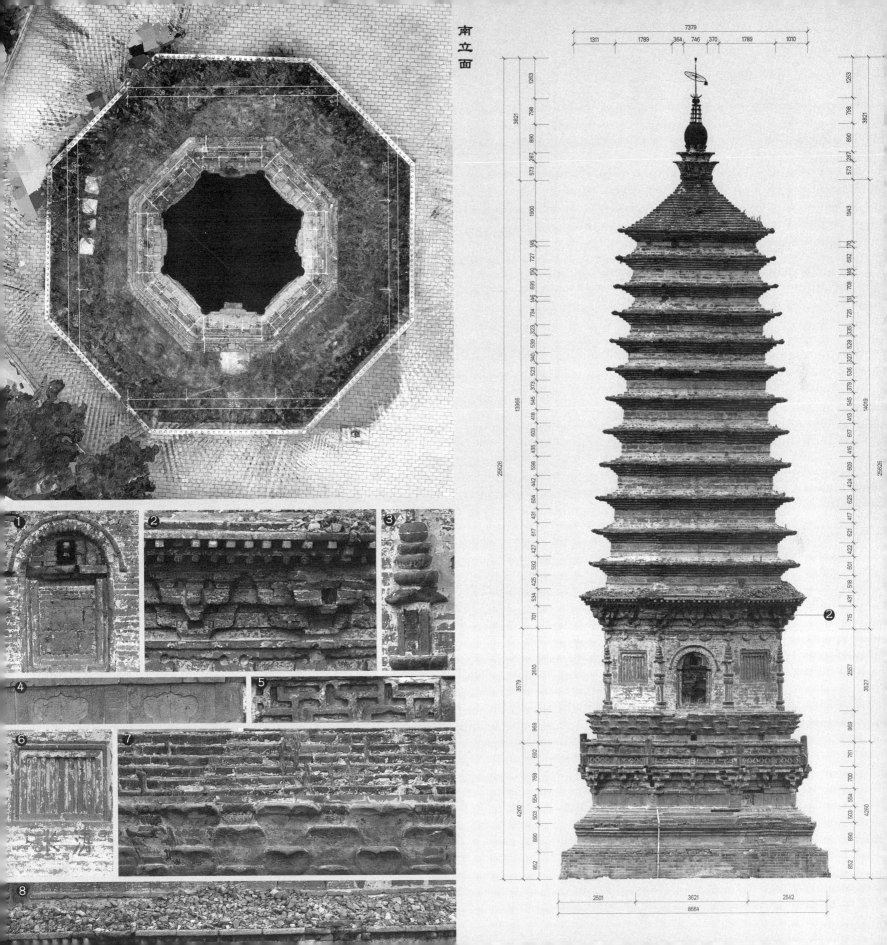

南立面

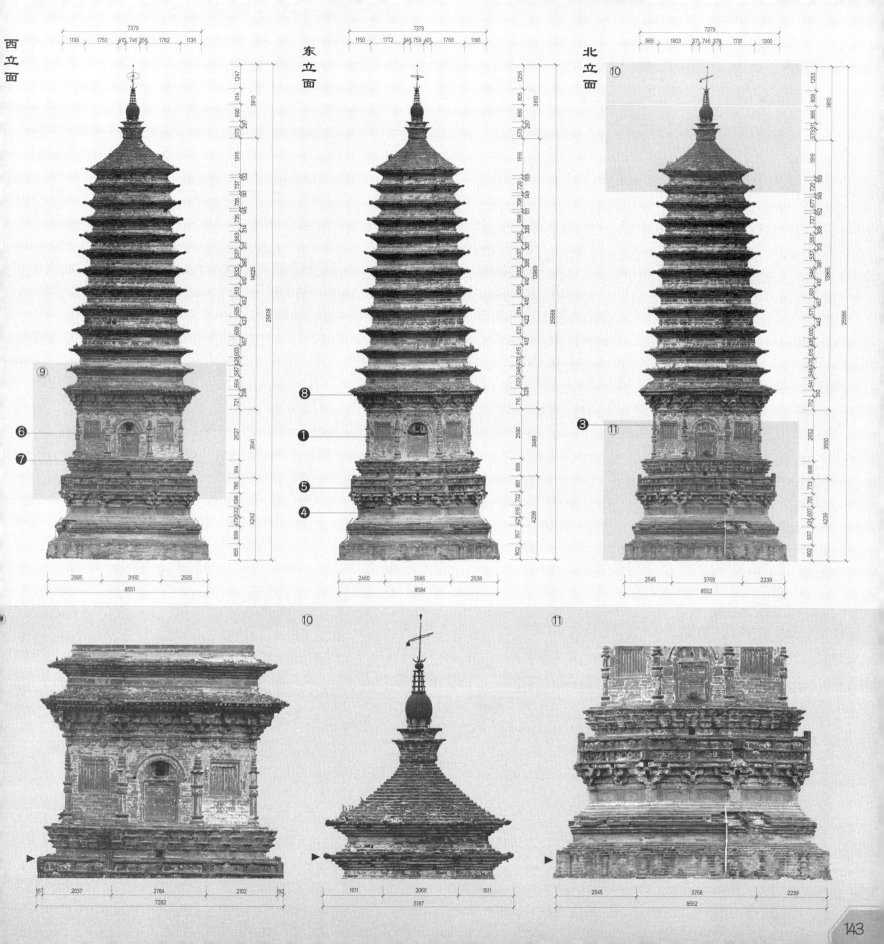

西立面

东立面

北立面

⑨ ⑩ ⑪

143

白塔

河北省保定市易县
39°19′49.58″N, 2°11′2.07″E
2020-10-09

　　白塔位于河北省保定市
易县高村乡八里庄村东北山梁
上，与东北方荆轲塔遥遥相
望；同时，隔山相望黑塔一座
（原塔倾覆，现为重建）。白
塔具体始建年代不详，但据形
制并结合附近黑塔始建年代考
查，应该为元代建筑。明正德
十二年（1517年）重修。据
村民口述，白黑二塔分别为纪
念羊角哀与左伯桃而建，两人
友情深厚，有"羊左之交"典
故。1983年4月，被列为县级
文物保护单位。

白塔为四角三层仿楼阁式密檐砖塔，一层塔身内设塔心室。塔身高度适中，逐层收进，略带收分，浑然整体。塔体敦厚壮硕，古朴沧桑。曾施白灰皮饰面，现斑驳脱落。塔由台基、塔座、塔身、塔刹四部分组成。台基粗粝毛石堆砌，沧桑粗犷。塔座须弥式，青砖素砌，累于台基之上。上下枋以叠涩混枭接束腰，束腰较高，转角施方柱，各面分施方格，格内素简无饰。个别转角分格内存壶门浅龛造型遗迹，应是原物，现素格则为后世修葺之态。塔座上承一层塔身青砖砌筑，饰白灰面，斑驳脱落显著。南面劈砖砌圆券门，通塔心室。墙身上部周圈饰环形饰带，带上各面嵌五个长方形凹龛，龛内再施壶门、海棠龛，内雕如意、卷草等纹饰。其上接上、下叠涩，多披屋檐，青砖素砌，平直古朴。上承二层至三层塔身，形制与一层相仿，仅两墙身上部周圈饰带上长方形凹龛留素白。塔顶置八角棱柱塔刹，敦厚庄重，刹顶无宝珠。

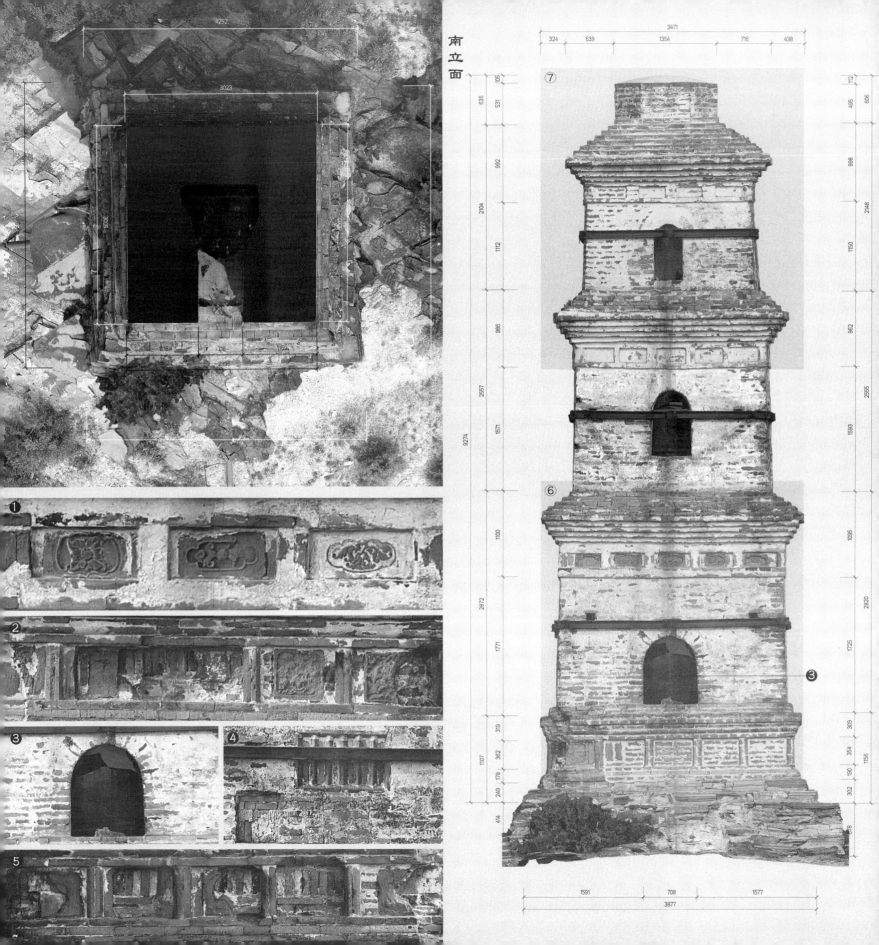

南立面

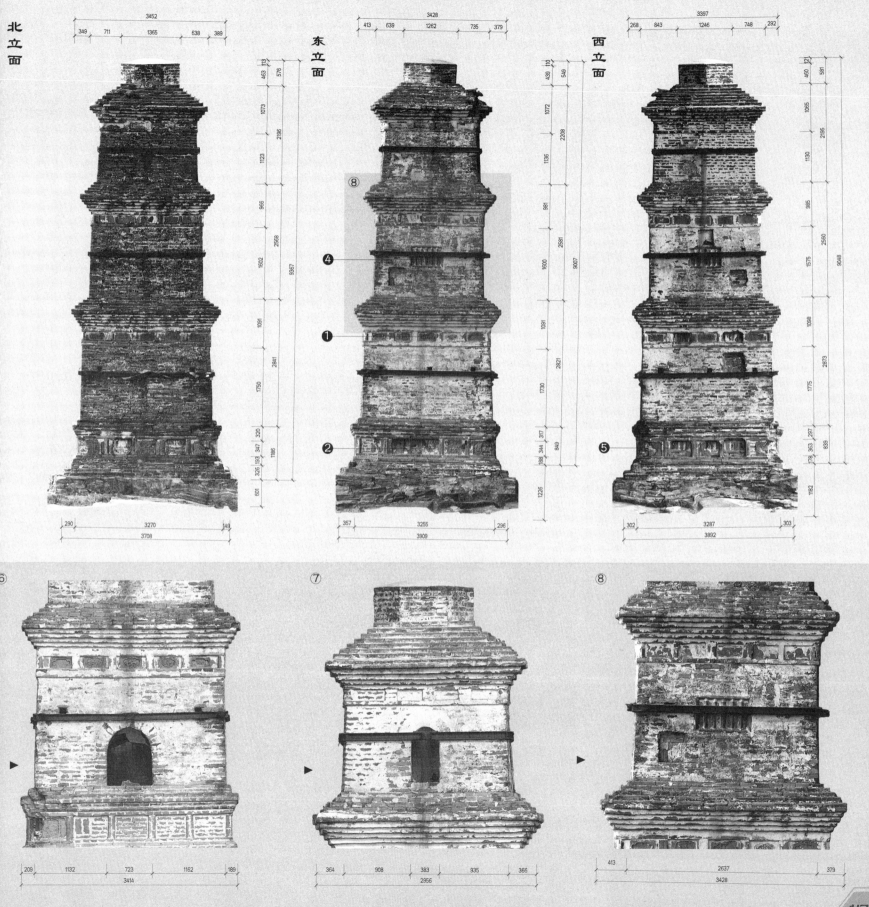

北立面

3452
349 | 711 | 1365 | 638 | 389

463 | 113 | 576
1073 | 2196
1123
966
1602 | 2568 | 9357
2841
1750
320 | 347
326 | 193 | 1186
601

290 | 3270 | 149
3708

东立面

3428
413 | 639 | 1262 | 735 | 379

439 | 110 | 549
1072 | 2208
1136
981
1600 | 2581 | 9007
2821
1730
317
188 | 344 | 849
1226

⑧
❹
❶
❷

357 | 3255 | 296
3909

西立面

3397
268 | 843 | 1246 | 748 | 292

460 | 121 | 581
1065 | 2195
1130
995
1575 | 2560 | 9048
2873
1775
297
178 | 363 | 839
1182

❺

302 | 3287 | 303
3892

⑥

209 | 1132 | 723 | 1162 | 189
3414

⑦

364 | 908 | 383 | 935 | 366
2956

⑧

413 | 2637 | 379
3428

血山塔

河北省保定市易县
39°19′8.76″N，115°28′33.64″E
2020-10-07

　　血山塔位于河北省保定市易县血山村北山坡上，北距荆轲塔较近。蒙古中统二年（1261年）始建；塔为僧墓塔，塔南面二层嵌塔铭，刻"大朝易州开元寺尊宿敷公尚座灵塔"，又名易县镇灵塔。血山塔所在小山名曰樊馆山，当地村民口述曾存樊於期馆舍。1983年4月，被列为县级文物保护单位。

血山塔为四角三层密檐砖塔，存塔心室。塔体低矮，各层略有收进，收分不显著。砖石砌筑，敦厚古朴，素简庄重。原残损破坏，塔刹皆无，修缮后粉饰白灰皮面。塔由塔座、塔身、塔刹三部分组成。塔座由毛石砌筑，方形高座，古朴沧桑，上承叠涩退台底座，托一层塔身。塔身青砖砌筑，现披白灰皮面，简素朴实，南面劈圆券洞。墙身上部施两道单砖挑线脚。上承一层塔檐，檐部上下均多层叠涩出檐，出挑较深。檐口薄利平直，硬朗简洁。南部檐下正中叠涩存缺口。二层塔身低矮，正面施方形龛洞，内嵌塔铭，雕"大朝易州开元寺尊宿敷公尚座灵塔"，其上承叠涩塔檐，与一层相仿。三层形制亦相同，屋顶施叠涩退台坡屋顶。上托塔刹，素简方形须弥刹座，上承钵形塔刹，浑圆饱满。

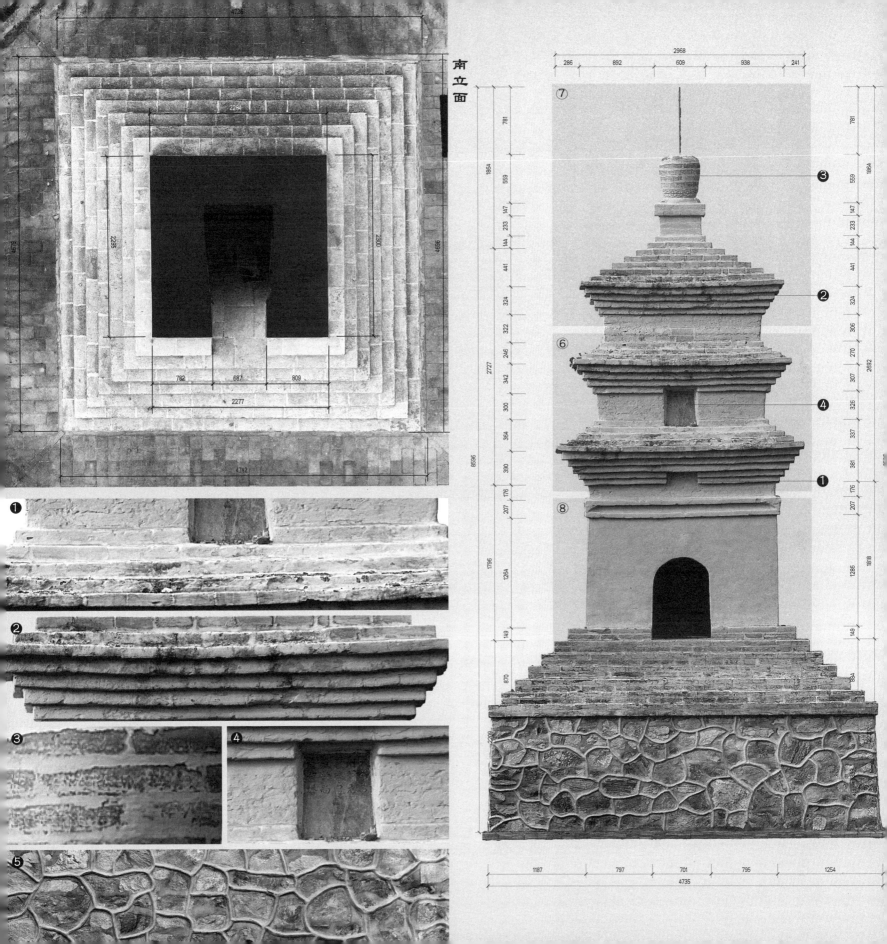

南立面

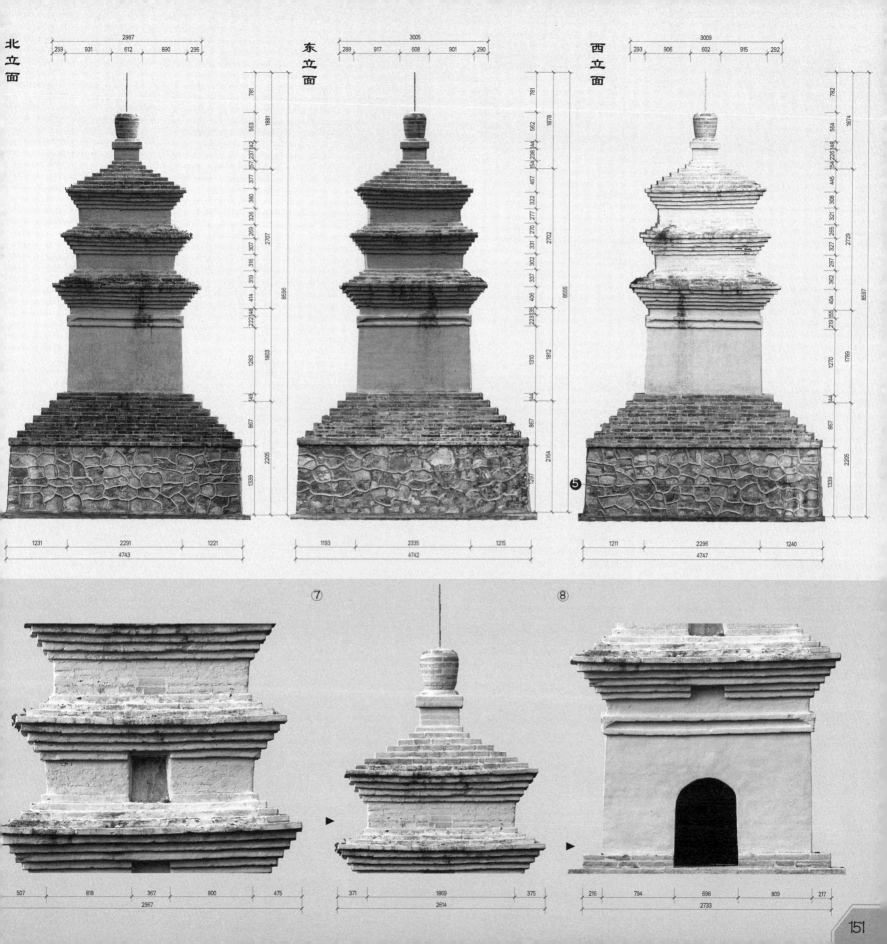

北立面

东立面

西立面

⑤

⑦

⑧

151

燕子塔

河北省保定市易县
36°19′57.37″N，115°30′32.87″E
2020-10-10

　　燕子塔位于河北省保定市易县高陌乡燕子村西燕下都遗址内。塔始建于辽代，明正德五年（1510年）重修。村民口述此塔为纪念燕太子丹而建，得名燕子塔。塔下现存大明重修观音禅寺碑，为原观音禅寺遗物，亦因此塔又名观音禅寺塔。1982年7月23日，被河北省人民政府公布为第二批省级文物保护单位。

　　燕子塔为八角十三层密檐砖塔，一层塔身内设塔心室。塔身高大，逐层收进，锥形升势，浑然一体。塔体秀丽瘦俊，华美精致。曾施白灰皮饰面，现斑驳脱落。塔由塔座、塔身、塔刹三部分组成。塔座须弥式，青砖素砌，上下枋以叠涩混枭接束腰，束腰转角施方柱，各面饰三组砖雕缠枝花纹。塔座上承一层塔身，砖雕仿木结构。转角施圆柱，南面劈壶门券龛，龛内曾置佛像。门楣饰卷草花纹，东、北、西三面则施假门；四隅面施支棱盲窗。墙身顶部施仿木砖雕阑额、普柏枋等。上托斗栱，斗口跳。上承撩檐檩、檐椽、飞椽构件。檐上布绿色琉璃瓦，角部施套兽。

檐口平直薄利，硬朗深远。一层檐上承二至十二层塔，各层塔身显著收矮，密檐短挑，青砖素砌，形制相同。塔檐上下均为三层叠涩砌筑，素简古朴。转角施绿色琉璃套兽。塔身各面中央大部分饰圆形雕纹。再上承十三层塔身，楼阁式，高大特异。砖雕仿木结构，转角施圆柱，南面劈壶门券龛。墙身顶部施仿木砖雕普柏枋、阑额等。上托斗栱，斗口跳。上承撩檐檩、檐椽、飞椽构件。屋顶八角攒尖式，布绿色琉璃瓦。檐口平直薄利，硬朗深远。屋顶施须弥式刹座，束腰矮短，上枋仰莲式，托金属宝珠。

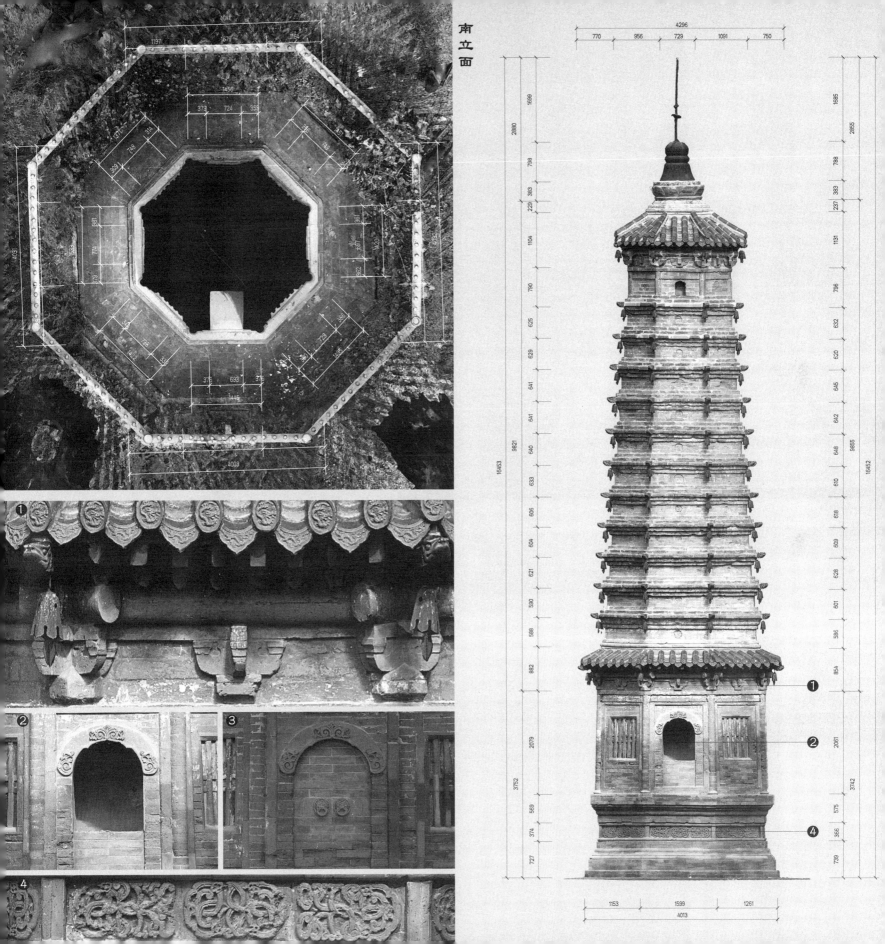

南立面

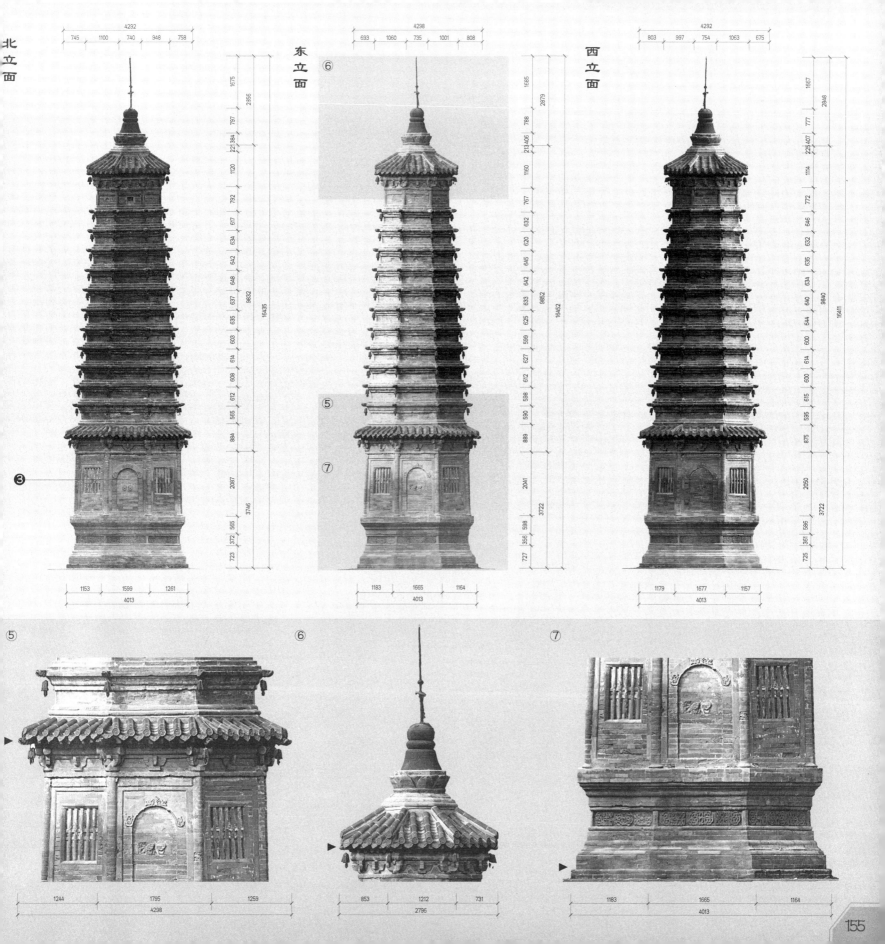

北立面

东立面

西立面

⑤

⑥

⑦

千佛宝塔

河北省保定市易县
39°7′26.13″N，115°16′1.09″E
2020-10-11

　　千佛宝塔位于河北省保定市易县西山北乡塔峪村原龙泉大历寺内，北依塔峪山，南临龙门水库，风景优美，形势俱佳。塔始建于清顺治五年（1648年），[1]塔因村得名，亦称黄四娘塔。据当地村民口述，塔为风水塔。1993年7月15日，被河北省人民政府公布为第三批省级文物保护单位。

千佛宝塔为六角七层楼阁式砖塔，一至三层中空，可攀登。塔体逐层收进，收分统一。整体高挺瘦俊，硬朗典雅。现塔体倾斜严重。塔由塔座、塔身、塔刹三部分组成。塔座须弥式，低矮古朴，青砖砌筑。下枋破损严重，上下枋混枭叠涩，束腰较矮，转角施砖雕圆柱，各面嵌饰缠枝花卉雕纹。须弥座上承平座勾栏，望柱、寻仗、栏板一应俱全，栏板雕花卉、人物、动物等，生动灵秀。上承一层塔身，青砖素砌。南面劈壶门券洞，可通塔心室。门楣券石雕二龙戏珠，上嵌双石匾。下匾书"千佛宝塔"四大字，上下落"大清国"和"顺治五年季春"小款；上匾雕三仙人。其余各面中部嵌方砖装饰，雕中国传统仙人纹饰。墙身上部施仿木雕砖柱、额

枋、撩檐檩、檐椽、飞椽等构件。檐口微翘，檐上布瓦，施角脊、围脊，围脊两端施吻兽，栩栩如生。上承二层塔身，塔身青砖素砌，南部劈券洞，洞楣雕卷草纹饰。二层檐下较简素，以叠涩雕三层仰莲承檐部，檐上与一层塔檐形制相同。其上三至七层，形制相仿，仅细节有变。其中，三层南面劈券洞，其余各层均为实墙面；三、五层檐下特异，施斗栱，似双抄单昂并施雕花泥道栱，形制奇特；四、六层檐下与二层一致，砖雕莲座，但四层特异覆仰莲组合；七层则为仿木结构，无斗栱、仰莲，简素朴实。屋顶六角攒尖顶，布瓦。上承三层仰莲托三层覆莲似对扣钵形刹座，座上承仰莲瓣，中央托宝珠，现形状残损，不能细辨。

[1] 韩玉哲. 保定地域遗存古塔考述及文献整理 [D]. 保定：河北大学，2017.

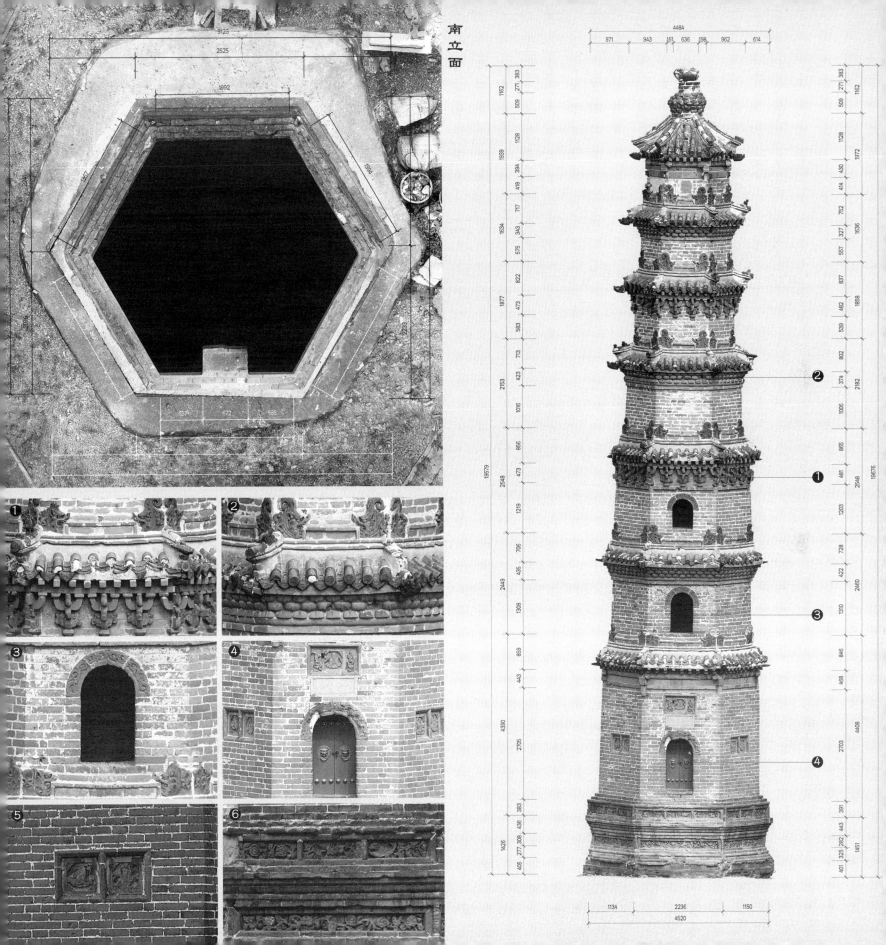

南立面

北立面

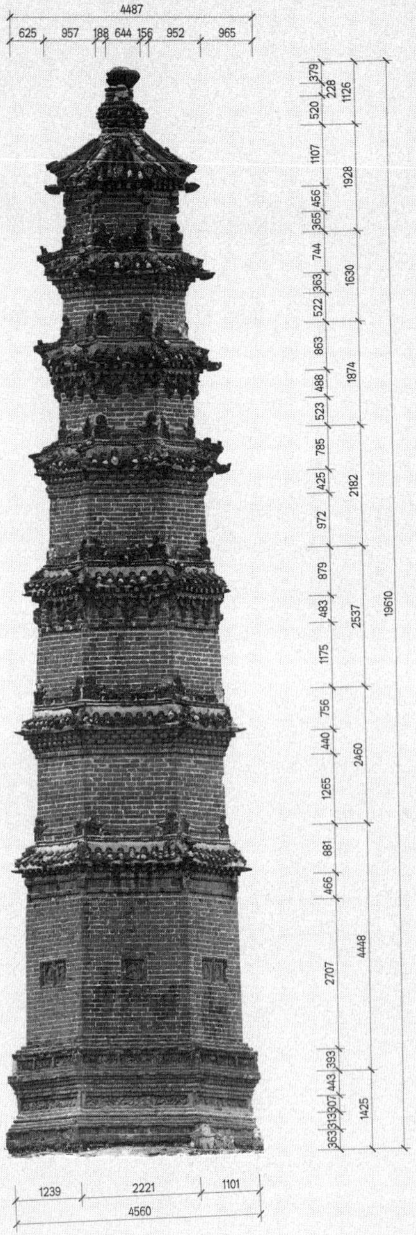

东北立面

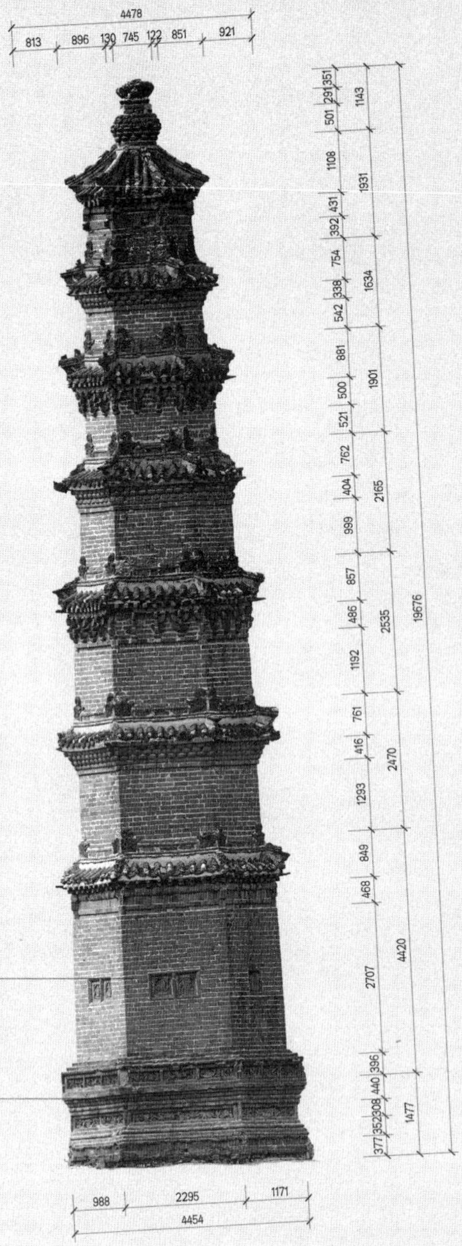

西北立面

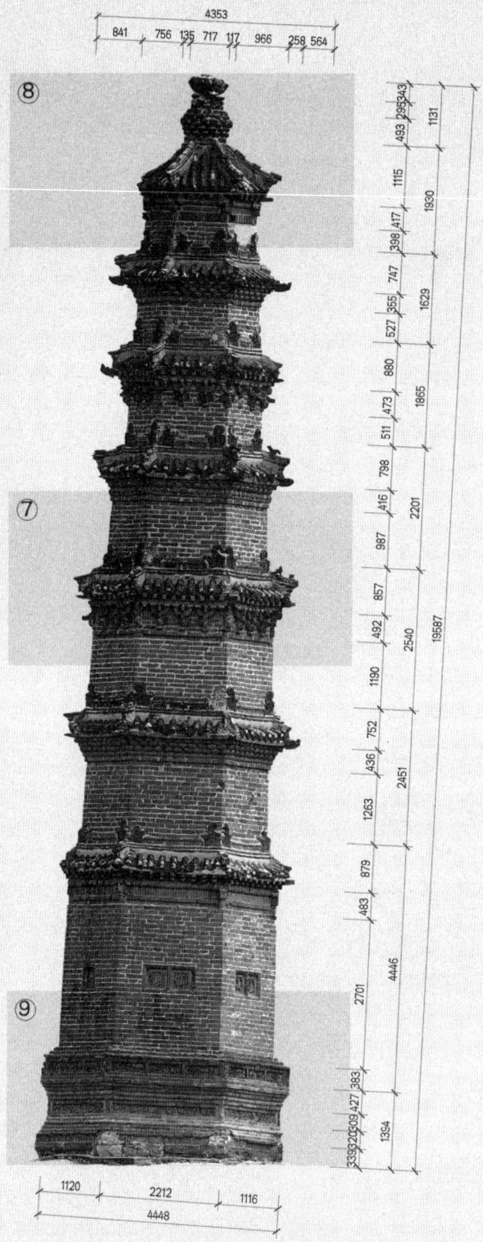

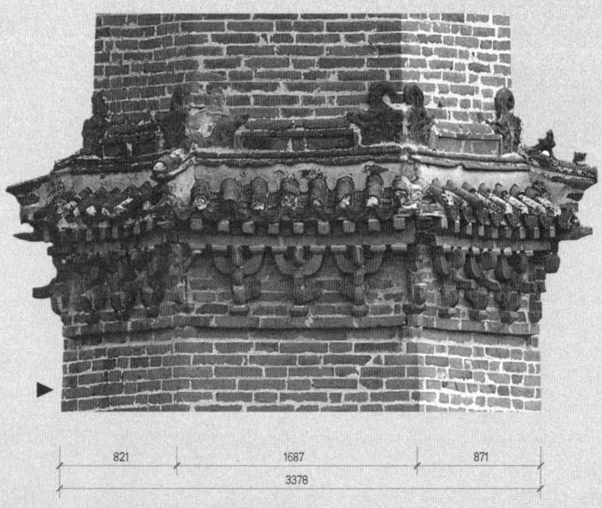

⑧

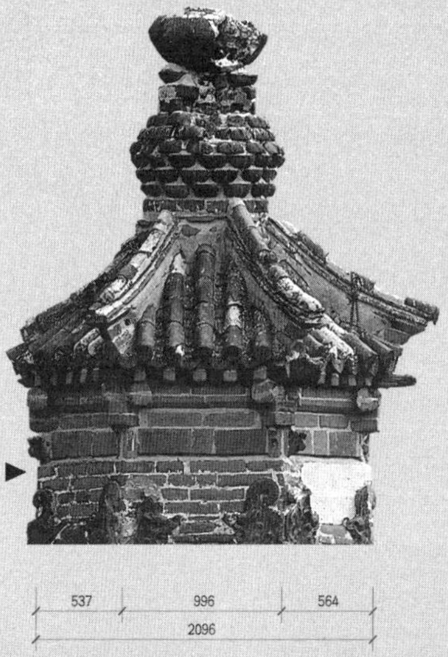

⑨

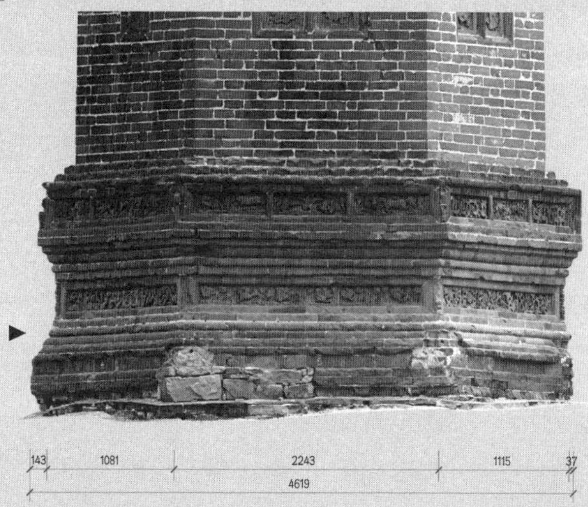

月明寺双塔

河北省保定市满城区
39°1'40.46''N, 115°18'2.92''E
2010-10-12

月明寺双塔位于保定市满城区九龙庄村西侧岗头山脚下，原月明寺遗址旁。塔有东、西两座，并坐于石台之上。西塔始建于明成化二年（1466年），东塔则建于明弘治四年（1491年）。塔因寺得名。月明寺双塔为僧人墓塔。1992年11月，月明寺双塔被列为县级文物保护单位。

月明寺双塔形制相同，以东塔为主描述。东塔为覆钵式砖砌僧墓塔，塔体高度较矮，整体古瘦挺拔，沧桑俊劲。由塔座、塔肚、塔脖、塔刹（已失）四部分组成。须弥式塔座，上下枋叠涩砌筑，束腰较高，转角施圆柱饰，各面青砖素砌，施白灰皮，今脱落斑驳。上置多层叠涩混枭饰小座，托覆钵塔肚，钵体饱满高大，曲线硬朗，形态紧致。塔肚南面上部雕方形凹龛，内置破碎塔铭，字迹斑驳，仅依稀可见个别文字。塔肚顺势向上内收，形成塔脖，曲线连续，比例匀称，浑然一体。塔脖均匀雕砌相轮，现存十二层。相轮上部遗失，无塔刹。西塔与东塔形制相仿，仅塔座有变，塔座为双层圆形须弥座，以叠涩砌法出上下枋，局部施混枭线，束腰矮短，侧面曲线柔美，整体青砖素砌，曾施白灰皮，今斑驳脱落。此外，顶部相轮塔脖之上，存一华盖，亦无塔刹。

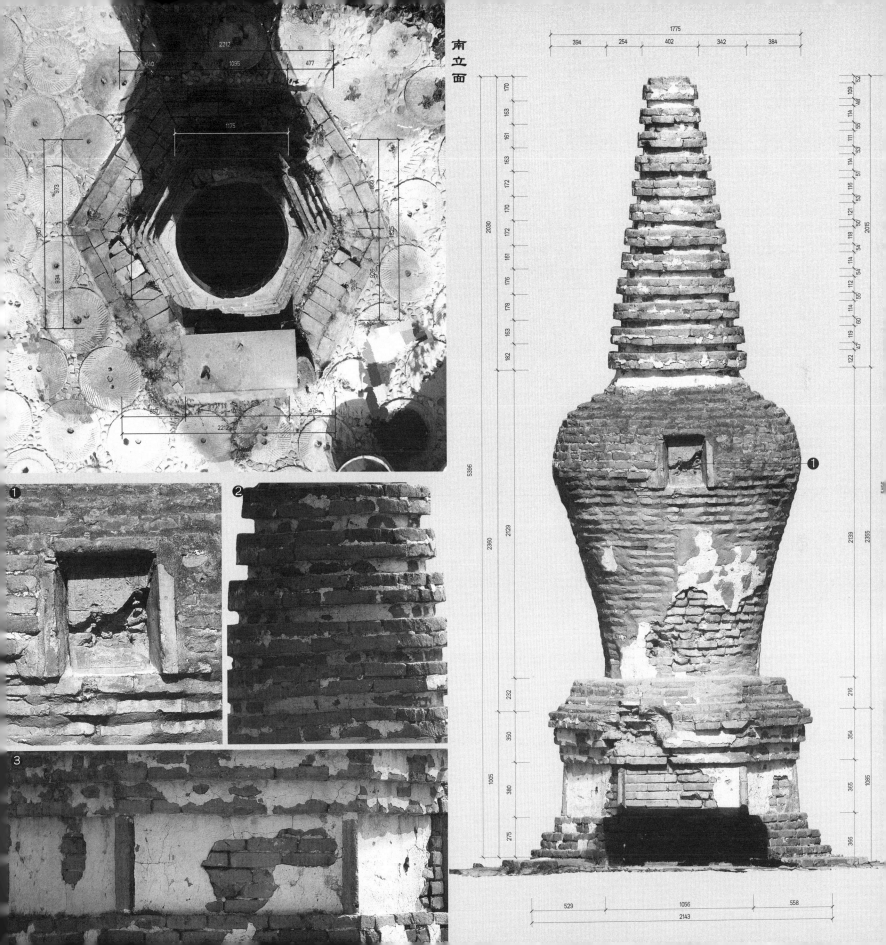

南立面

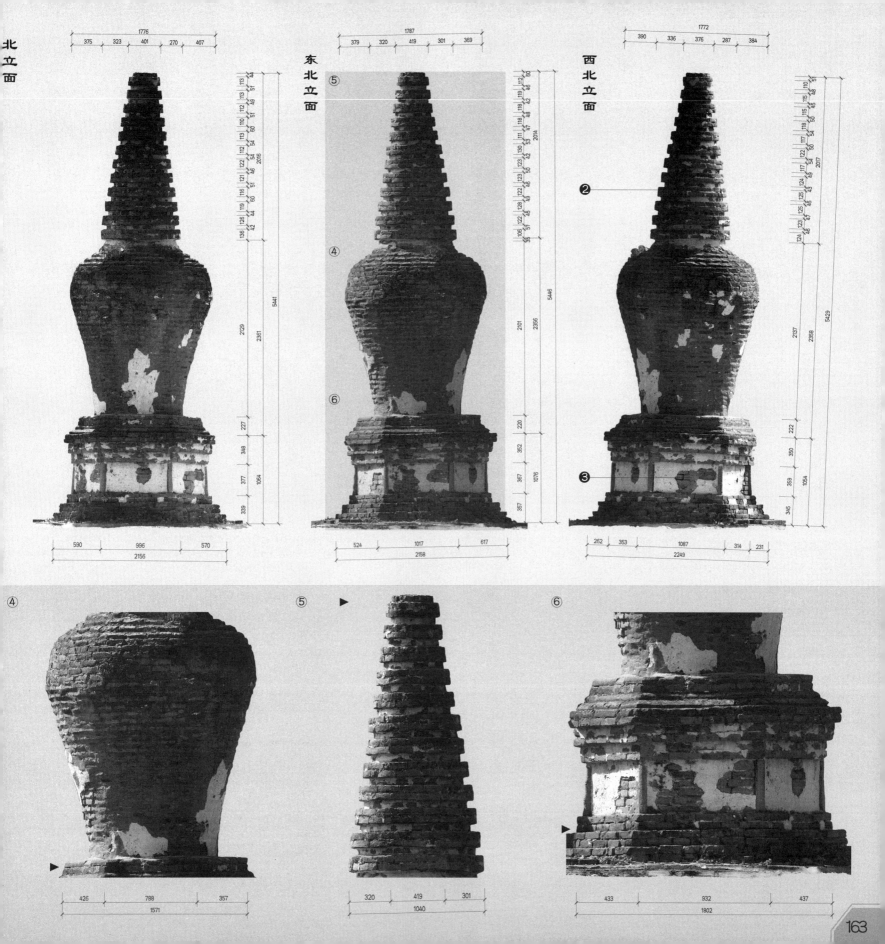

北立面

東北立面

西北立面

④

⑤ ▶

⑥ ▶

五印浮屠塔

河北省保定市雄安新区
38°58′31.97″N，115°49′31.18″E
2022-09-12

　　五印浮屠塔位于河北省保定市雄安新区三台镇山西村中部，与山西村村委会相对。塔始建于明洪武初年（1368年），明万历甲午年（1594年）和清康熙四十九年（1710年）重修。塔身嵌碑刻"五印浮屠"，与佛经《白衣大悲五印心陀罗尼经》照应，因而得名，又称山西村砖塔。2008年10月23日，被河北省人民政府公布为第五批省级文物保护单位。

　　五印浮屠塔为八角七层仿楼阁式密檐空心砖塔。塔身高度较大，逐层收进，首层收分显著。塔身庄重敦厚，古朴苍拙，装饰繁复。塔由塔座、塔身、塔刹三部分组成。塔座须弥式，整体砖砌，装饰繁复。下枋简素，混枭线脚接高厚束腰；束腰饰华丽砖雕，腰上下端饰卷草纹束带，转角雕花砖，施草叶、连珠、波纹等装饰。各面当心置大块雕砖装饰；混枭线脚接上枋，薄利简素。上承一层高大塔身，整体分为两部分。下部青砖素砌，各面均嵌重修碑记等碑刻；上部仿木结构，转角施棱倚柱，各面施四岔缠枝、中心置各种菱形花卉，华丽繁复；南面劈圆券门，门周施二龙戏珠砖雕，上嵌"五印浮屠"字样，由门可达塔心室。墙身上部雕混枭接檐部，檐部平直薄挑，施仿木砖雕檐椽、檐上布瓦，施围脊、角脊、仙人、套兽等。其上置二层塔身，塔身低矮，白灰抹面，东、南、西、北四正面劈圆券小门，镂空、假门、半开等，形制多样。四隅面则素白，檐部与一层相仿。再上三至七层形制与二层相同，仅七层南面嵌"三台文笔"匾额一块。屋顶为八角攒尖式，坡度甚小，且檐部较短，上承硕大塔刹。塔刹须弥刹座，上施交错布置三角形双层仰莲座，中央托覆钵塔身，上承铁质塔刹，须弥雕花座承葫芦宝瓶。

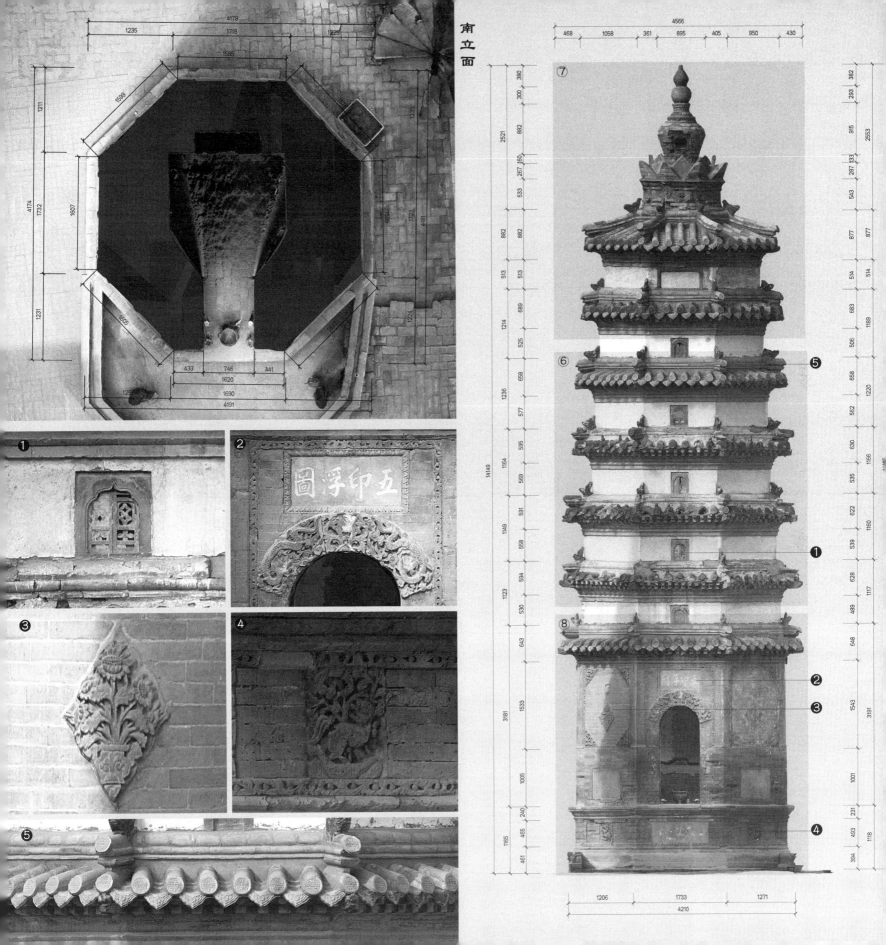

南立面

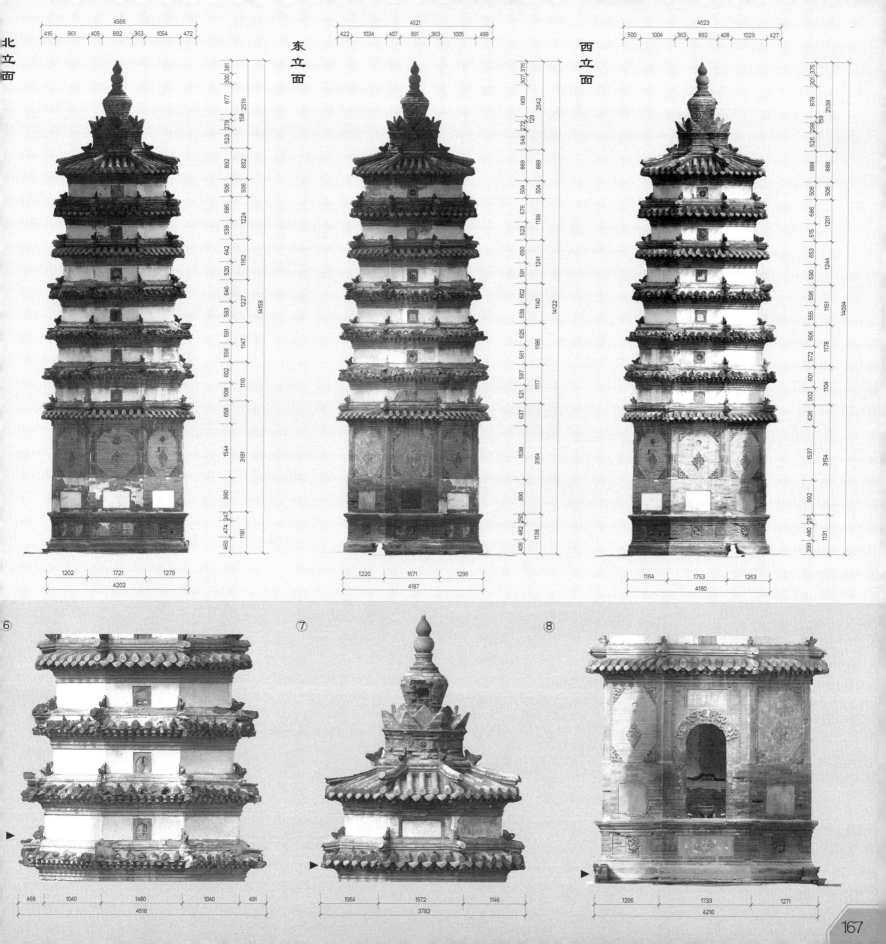

北立面

东立面

西立面

⑥

⑦

⑧

167

伍侯塔

河北省保定市顺平县
35°53′53.87″N,42°65′42.57″E
2020-10-13

　　伍侯塔位于河北省保定市顺平县腰山镇南伍侯村村北偏西边缘。塔始建年代不详，有称辽代，亦有称金、明。塔形制混杂多意，综合细节考查，建于明代（1368—1644年）可能性较大。[1]《保定府志》载："平阿侯王潭不肯从王莽之乱，同其五子避于此地。东汉光武帝嘉之，封五子为侯，故名伍侯。"[2]塔为纪念塔，因而得名。2013年3月5日，被国务院公布为第七批全国重点文物保护单位。

伍侯塔为六角五层密檐式与楼阁式混合砖塔，内置塔心室。塔身高大，各层略有收进，并作收分。塔身庄重古朴，紧致典雅，装饰华丽。塔由台基、塔座、塔身、塔刹四部分组成。台基毛石砌筑，粗犷随性。上承塔座，层次丰富，形式繁复。整体分为两段，下段青砖素砌，下部立砌与顺砌交替，上部略收缩常规砌法，简素规整；上段则由五层须弥座叠置而成，自下而上，各层座体由小到大，且束腰高度逐层增加。各座叠涩出挑，束腰饰各异壶门，内置砖雕人物、鸟兽、花卉装饰。形制特异，装饰繁复华丽。须弥座顶施仿木雕砖平座勾栏，望柱、寻仗、池子一应俱全。上承一层塔身，青砖素砌，南、北面施假门，南门后被盗挖，现以青砖封堵，两侧各饰佛龛。其余各面施盲窗，施菱花、斜方格纹。内存塔心室。墙身上部置雕砖仿木构件，施阑额、普柏枋、斗栱，单抄四铺作，承撩檐枋，托檐椽、飞椽。檐口翘曲，檐上布黄绿色琉璃瓦，现残缺不齐，应为黄绿剪边布瓦。其上施叠砌琉璃瓦装饰层，上承双层仰莲座。其上二至五层形制相仿，均为墙身上部置雕砖仿木构件，施阑额、普柏枋、斗栱，上承撩檐枋，托檐椽、飞椽。檐口翘曲，檐上布黄绿色琉璃瓦。仅顶层斗栱较复杂，双抄五铺作。屋顶六角攒尖顶，布黄绿琉璃瓦，上承塔刹。塔刹破损严重，下部施多层仰莲座，上部残缺，现无宝珠。

[1] 韩玉哲. 保定地域遗存古塔考述及文献整理 [D]. 保定：河北大学，2016.
[2] [清] 李振祜. 保定府志：卷77 [M]. 清光绪十二年版. 北京：中华书局，2015.

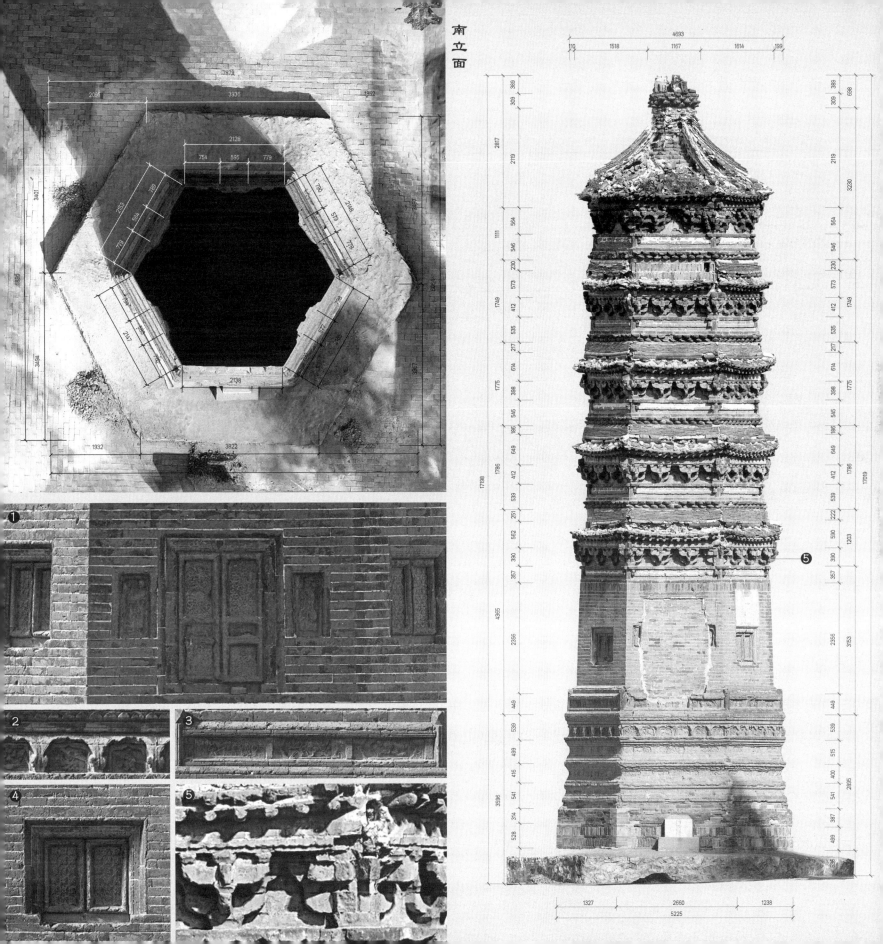

南立面

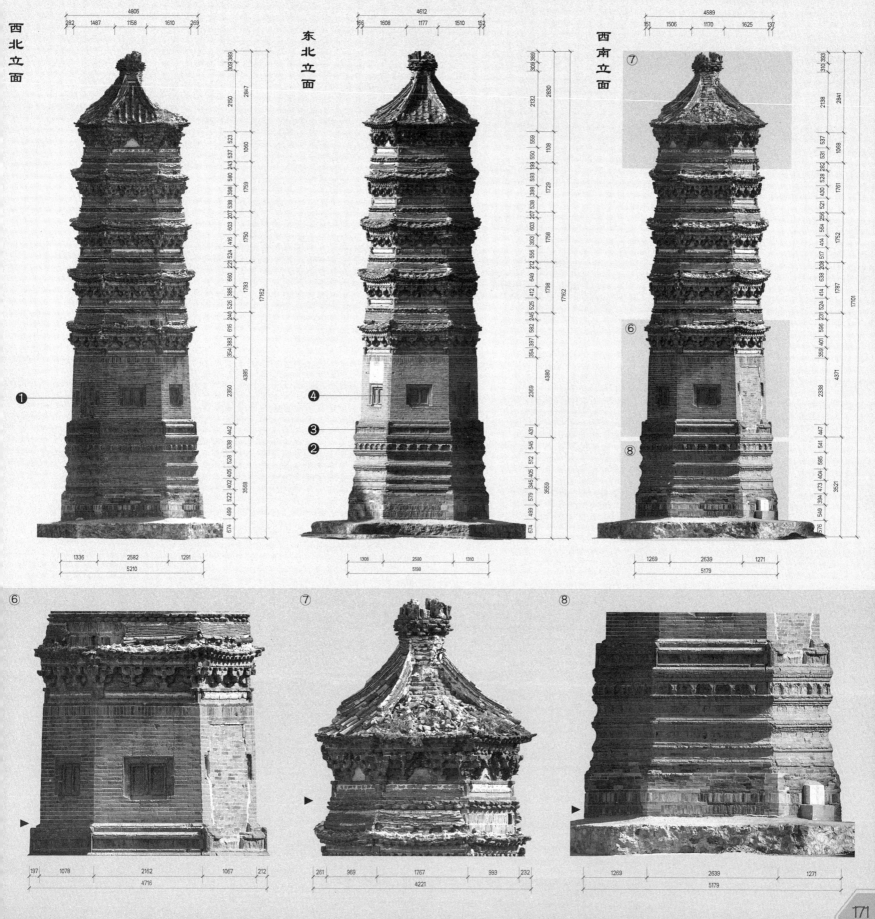

西北立面

东北立面

西南立面

⑥ ⑦ ⑧

171

文昌塔

河北省保定市曲阳县
38°37'1.34''N，114°42'16.17''E
2020-09-27

　　文昌塔位于河北省保定市曲阳县城东关村东孟良河畔东岸。塔旁原建有文昌书院，塔由此得名，又名文峰塔。现书院毁损，仅塔存。塔建于清代（1644—1911年），为振兴当地文风所建风水塔。据村民口述，每年夏至正午，塔无影，被誉为曲阳八景之一。2003年5月，被曲阳县人民政府公布为县级文物保护单位。

文昌塔为八角六层（亦有七层说法）实心砖塔。塔身高度适中，各层略有收进，并作收分。塔身比例瘦长，挺拔典雅。塔由台基、塔座、塔身、塔刹四部分组成。台基双层，八角砖砌，首层台基高大，西侧朝孟良河方向置台阶，直通塔身。中央置二层低矮台基。台基均为现代修葺。台基中央置塔体，塔座直接起于台基之上，刷灰色饰面（此分法源于常规形制：莲座之下置须弥塔座。亦有视为无塔座说法，则七层塔身直接起于台基。文昌塔为地方仿照佛塔所建之风水塔，较常规形制变异较大，因而不排除此种可能，且上部塔身形制确实存甚多变异，亦助佐证）。

座顶部施仿木雕砖垂花柱及花板一周，饰龙凤雕纹。其上施双层仰莲座，托连珠混叠涩小座，上承一层塔身，青砖素砌，饰白灰面。北面劈圆券深龛，周饰卷草纹框。门上嵌匾，镌刻"文昌塔"三字。塔身上施叠涩雕砖混枭、连珠混，檐上置叠涩坡屋顶。上置二层塔身，素砖饰灰，檐下仿木雕砖垂花柱及花板一周，檐上叠涩坡屋顶。四至六层形制相仿，塔身素砖饰灰；叠涩塔檐做圆混转折，形制特异。仅各层南面墙身劈圆券龛之形制略有差异，且顶层檐下又施仿木雕砖垂花柱及花板。屋顶置锥台漫铺面顶。上置塔刹，连珠混饰，托仰莲，中央抱宝珠，含苞待放。

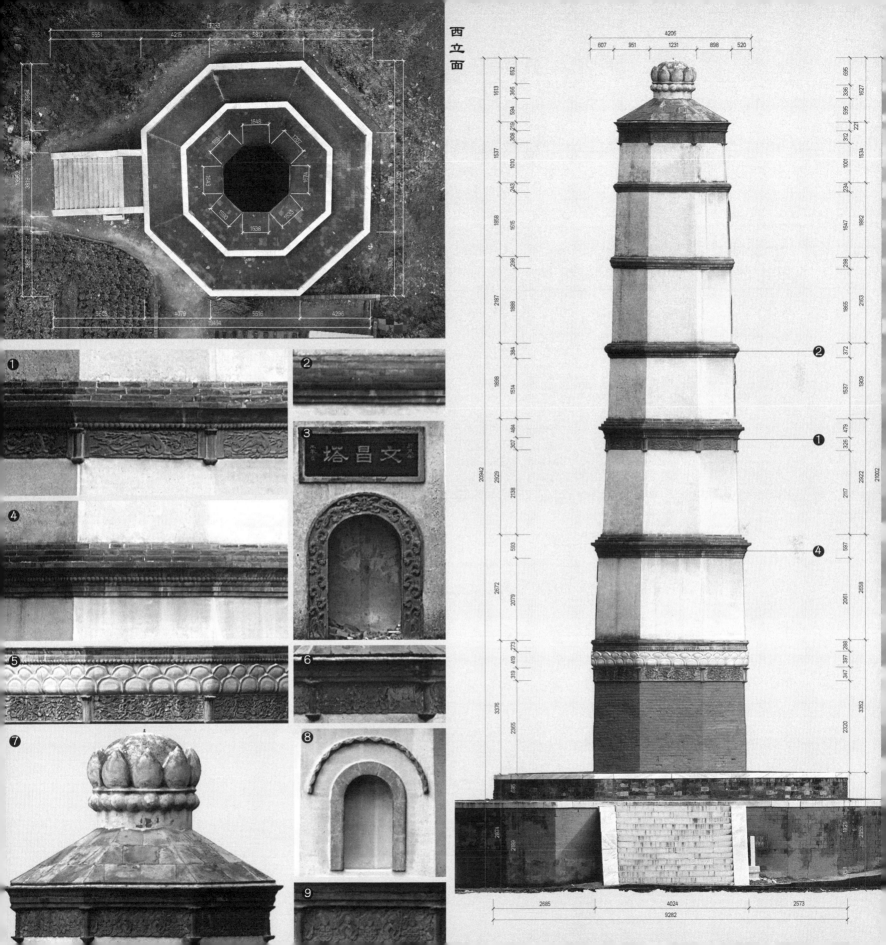

西立面

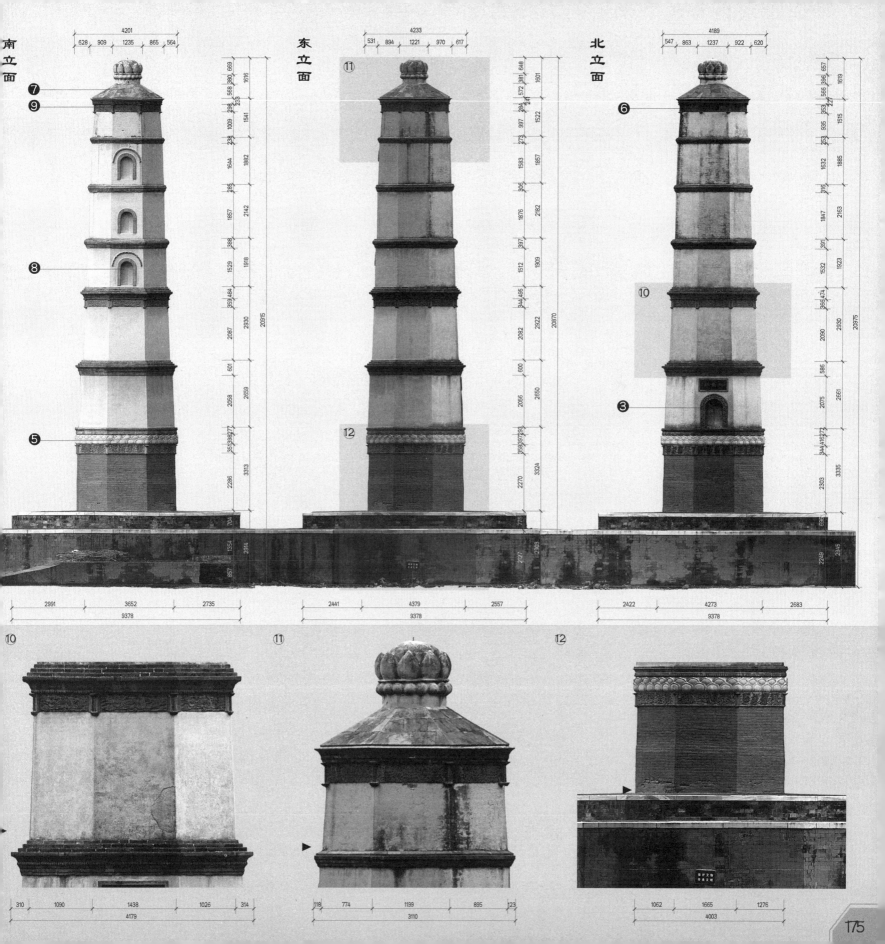

南立面

东立面

北立面

修德寺塔

河北省保定市曲阳县
38°37′3″N，114°41′21.65″E
2020-09-27

修德寺塔位于河北省保定市曲阳县城西南恒州镇小南关村西，原修德寺遗址空地内。修德寺塔始建于隋仁寿元年（601年），现存部分塔体为宋代天禧三年（1019年）重修，明代曾多次修缮。[1] 1994年地宫出土石函，刻铭文："维大隋仁寿元年十月十五日皇帝于定州恒阳县恒岳寺奉安舍利，敬造灵塔。"[2] 2006年5月25日，被国务院公布为第六批全国重点文物保护单位。

修德寺塔为八角六级花塔与楼阁式组合砖塔。存地宫，首层置塔心室。塔体高大，逐层收进，首层无收分，二至六层收分显著。整塔高耸挺拔，俊丽繁复，由台基、塔座、塔身、塔刹四部分组成。塔座长方形，毛石砌筑。中央承塔座，砖砌低矮须弥座，叠涩上下枋，束腰置壶门。现为重修，水泥抹面。上置双层仰莲平座。托一层塔身，应为青砖砌筑，施白灰皮，斑驳沧桑。南面辟圆券门，外饰方形框，内通塔心室，供佛像。墙身上部施菱角牙子叠涩出檐，檐上施叠涩坡屋顶，无瓦无脊，檐部平直硬朗。上承二层塔身，下部简素须弥座，束腰巨大，中置壶门凹龛；座上花塔形制，塔身周施五层单檐方形小塔，

各层24座，周身120座。小塔造型统一，三层莲瓣座，长方形塔身，出叠涩檐，上承塔刹，山花蕉叶饰托宝珠。整身华丽繁复，庄重肃穆。上端檐下施叠涩深远出檐，施小碎菱角牙子饰，檐口平直薄利，转角施套兽。檐上平直，无瓦无脊。上承三层塔身，下部施砖砌矮须弥座，上承塔身，周身雕砖仿木平座勾栏饰。南部施券门，饰方外框。檐部施叠涩出檐，转角施套兽。檐上平直，无瓦无脊。其上四至六层，形制与三层相仿，仅雕饰存异。其中四、五层南面施圆券门，隔面饰盲窗；六层仅南面置假门。塔顶施八角攒尖式顶，顶部平直，上置塔刹。砖砌须弥塔座，上置雕砖山花蕉叶饰，托橄榄形宝珠。

[1] 王丽敏，杨丽平，王明涛. 修德寺与修德寺塔 [J]. 文物春秋，2009（6）：13-20.
[2] 王丽敏，高晓静. 曲阳修德寺塔塔心室发现明代佛教造像 [J]. 文物春秋，2012（2）：28-32.

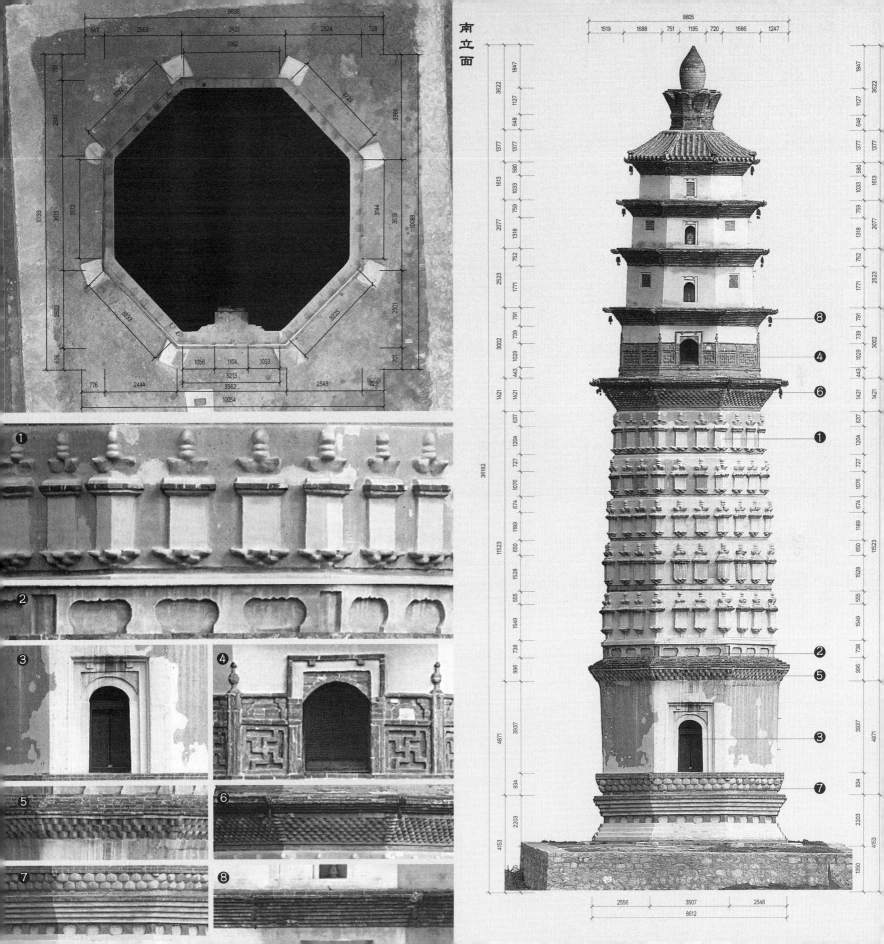

南立面

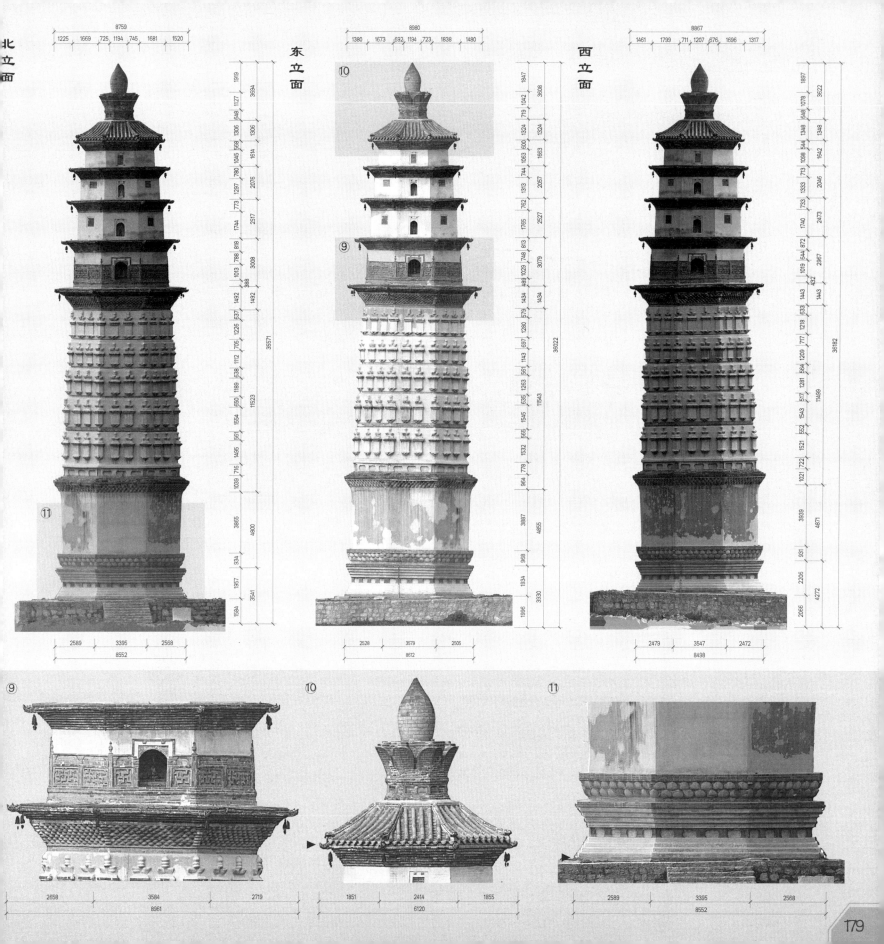

北立面

东立面

西立面

⑨

⑩

⑪

179

兴国寺塔

河北省保定市博野县
38°24′14.92″N，115°34′46.72″E
2020-09-28

　　兴国寺塔位于河北省保定市博野县程委镇解村解村小学院内，原兴国寺内，现寺毁塔存，塔因寺得名。兴国寺塔建于唐景龙四年（710年）。一层塔心室内正面佛座刻"景龙四年"字样。河北省现存唯一唐代石塔。2006年5月25日，被国务院公布为第六批全国重点文物保护单位。

　　兴国寺塔为四角十五层密檐汉白玉石塔。一层存塔心室。塔身高度较矮，各层逐级收进，做卷杀曲线，柔曲遒劲。塔身比例瘦长，挺拔俊丽。塔由台基、塔座、塔身、塔刹四部分组成。塔因存世久远，台基表面低于现地面较多，坐于地坑内。坑面上承矮薄石质塔座。上置一层塔身，由四块完整石板沿各面围合拼砌而成。石板多面施雕饰，虽模糊风化，但难掩其时精美华丽雕工。塔身南面石板劈券门，上施火焰式尖拱饰，左右各饰力士像，形态魁伟，丝带飘逸。一层塔心室内窄小，正、东、西三面均施佛像雕饰，立式、跪式形态多样，栩栩如生；亦刻"景龙四年""主浮""立"等依稀文字。二至十五层，均由塔身和塔檐组成，形制相仿，雕石而成，形态规正，做工精美。檐部素简平直，檐上下均饰仿叠涩水平线条刻纹。塔顶置宝珠，圆润饱满。

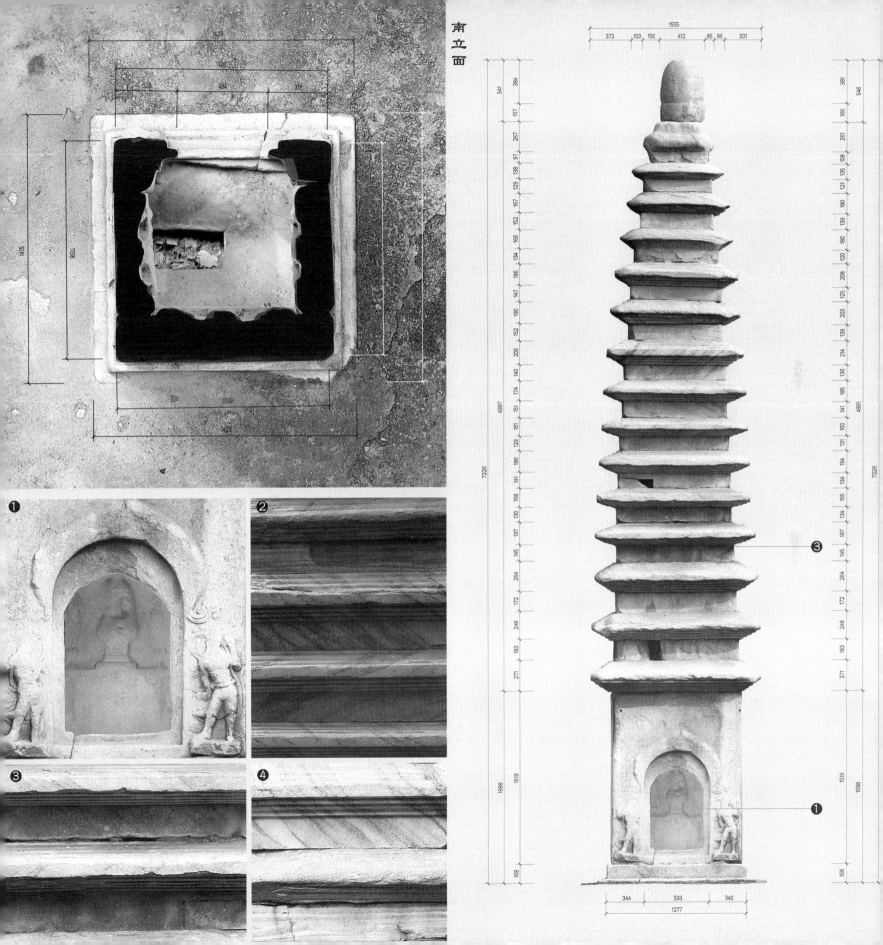

南立面

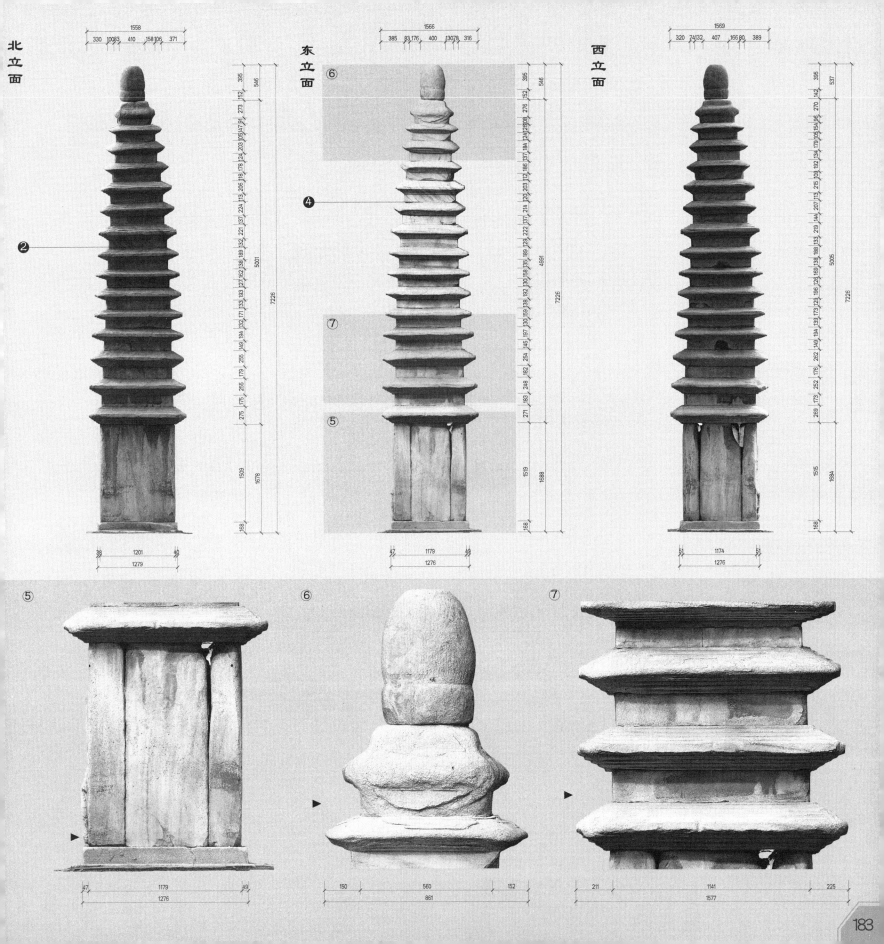

泽云和尚灵塔

河北省石家庄市平山县
38°21′20.14″N，114°12′9.09″E
2020-10-16

　　泽云和尚灵塔位于石家庄市平山县三汲乡寺沟村西，东林山西麓山脚万寿禅寺塔林。万寿禅寺始建于唐，宋元祐二年（1087年）重建，后毁。塔林位于万寿禅寺西，现存12座墓塔，泽云和尚灵塔为其中早期代表性建筑。塔铭刻"有唐皇子泽云和尚灵塔"字样，因而得名，亦称唐太子墓塔。2006年5月25日，万寿寺塔林被国务院公布为第六批全国重点文物保护单位。

　　泽云和尚灵塔为六角单层单檐仿木构砖石塔，存塔心室。塔体高度适中，比例均衡，略带收分。塔体古朴敦厚，端庄精美。塔由塔座、塔身、塔刹三部分组成。现塔座位于地下不可见。塔身由地面直起，各面高雕仿木结构。塔身转角施棱形隅砖壁柱。南面劈圆券洞，券上施弧砖短挑檐，内置石雕门。自下而上，饰门当、门板、镂空直棂心屉、门簪嵌洞，面刻浅斜纹饰。门上部雕"有唐皇子泽云和尚灵塔"，古朴粗犷；北面则施方门，柱顶石、门框、门簪、刻檐一应俱全。四余面则饰盲窗，各窗下部均为高雕直棂心屉，上部则施龟背或钱纹棂心屉。塔身上部施仿木阑额，无普柏枋。上承斗栱，单抄四铺作，施补间铺作，雕鸳鸯交首栱，散斗施替木，再托撩檐枋、檐椽。上置叠涩檐口，两匹薄直。屋顶平坦布瓦，角部置脊，檐部施盆唇沿滴水和半瓦当，[1]均饰雕纹。屋顶中央置硕大塔刹。须弥刹座，束腰转角施力士，形态生动，各面心间饰壶门龛。上承双层六角山花蕉叶，雕饰华丽。中心托五层密雕莲瓣刹柱，上承钵形砖砌宝珠。

[1] 董旭. 平山万寿禅寺塔林建筑形制及建筑年代考略[J] 文物春秋, 2014(6): 32-39, 57, 2.

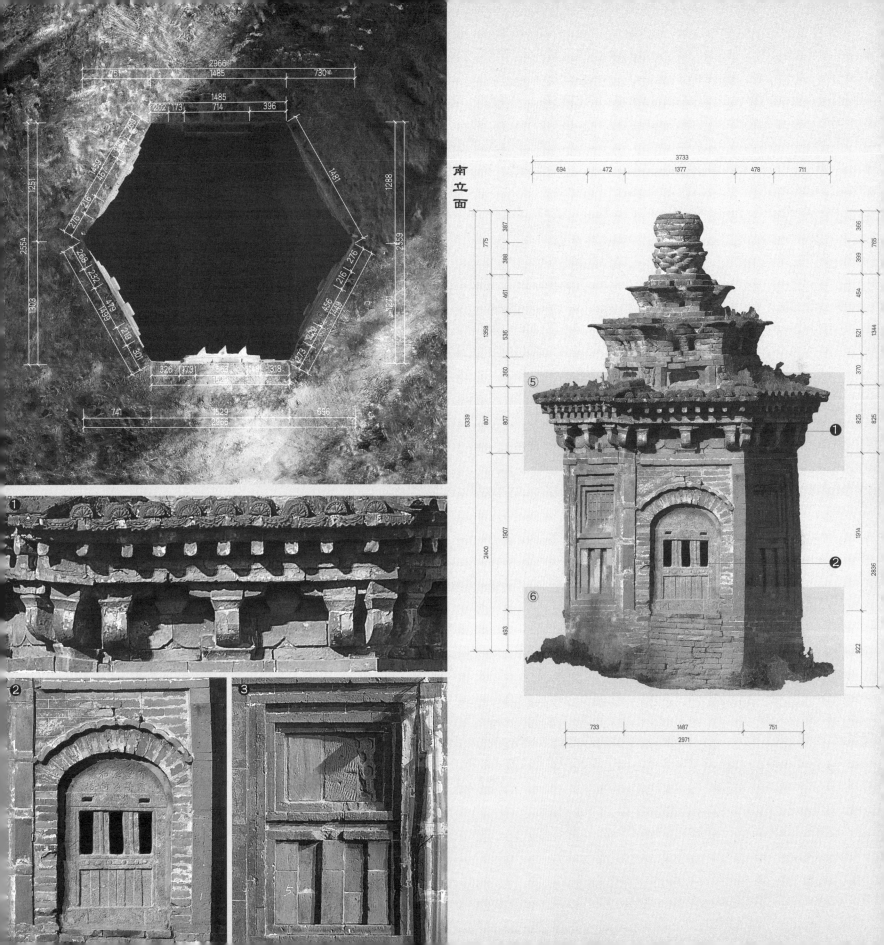

南立面

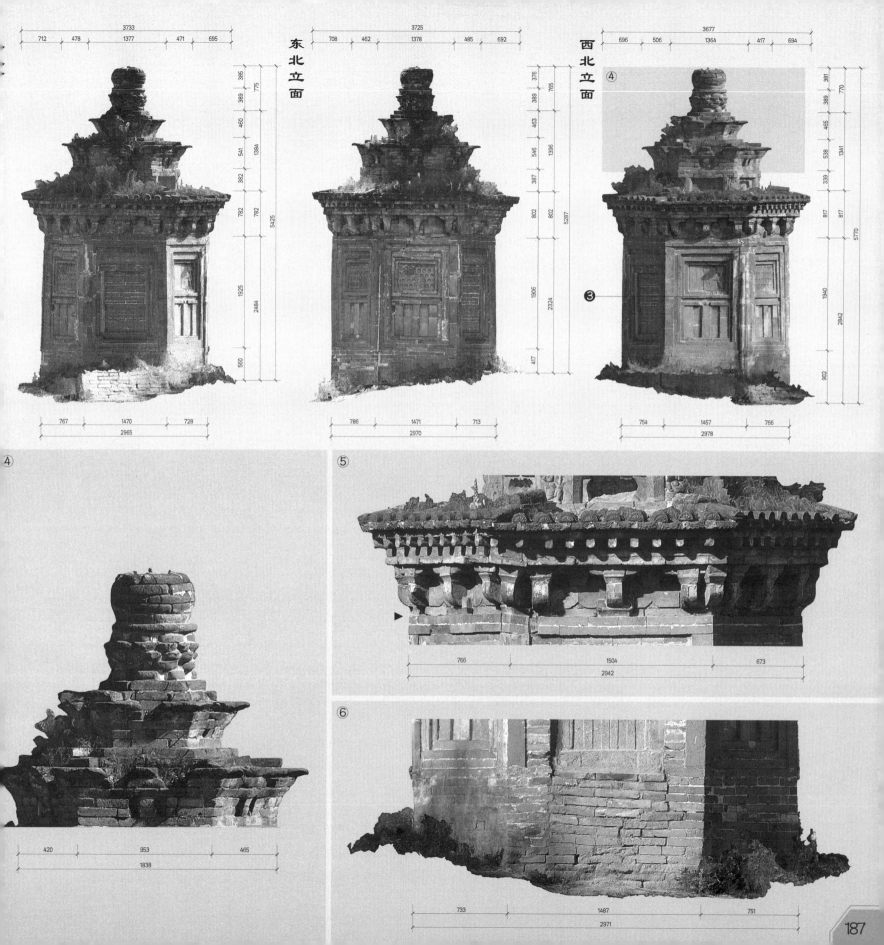

东北立面

西北立面

④

③

⑤

⑥

187

普利寺塔

河北省邢台市临城县
37°26′16.51″N，114°30′5.98″E
2020-10-23

　　普利寺塔位于河北省邢台市临城县内南部普利广场。此地原有普利寺，建于北魏太武帝年间，普利寺塔始建于北宋皇祐三年（1051年），因寺得名，后寺失塔存。明代两次重修塔。[1]普利寺塔因存佛舍利，又名舍利塔。佛塔周身密施佛像，气势恢宏，亦称"万佛塔"。[2]普利寺塔为我国北方唯一北宋时期方形密檐式仿木砖塔。2001年6月25日，被国务院公布为第五批全国重点文物保护单位。

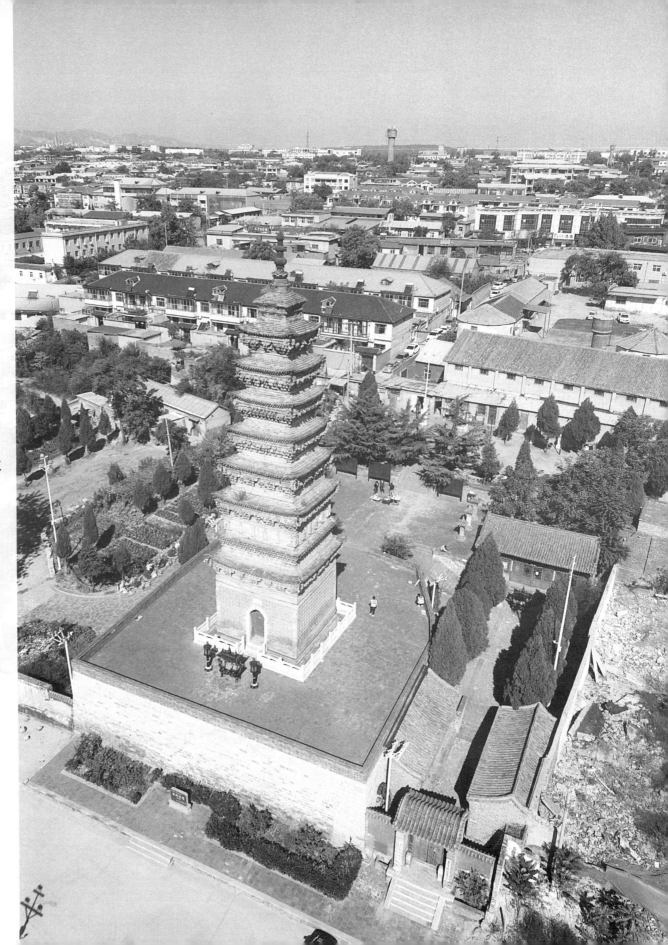

普利寺塔为四角七层密檐砖塔，有塔心室。塔体高耸苍劲，收分迅急，直抵凌霄。塔由台基、塔座、塔身、塔刹四部分组成。台基毛石砌筑，形状约方形，高达5米有余，宽阔平坦，中央置塔，循台阶可至塔底。基座青砖素砌，饰砖雕线脚，四面方形，甚是低矮。上承一层塔身，高大敦厚，仿木面阔三间。四面几近满砌佛龛，号千佛龛。龛内置壶门，雕佛像，规整净洁，气势宏大。南面置石框圆券门，可至塔心室。一层墙身上部施砖雕仿木短柱、阑额、普柏枋。上承一层仿木雕砖塔檐，繁复华丽。补间双抄五铺作出斜栱，柱头则施双抄五铺作无斜栱，计心造。上托撩檐枋，檐椽、飞椽、单匹薄檐，檐上置叠涩顶。檐部整体翘曲，柔和贯一。

檐口出挑甚短，角部隆起无脊。上承二层，施仿木斗栱平座。二层塔身较高，各面饰四罗汉，形态各异；转角置力士，孔武雄壮。其上二层至七层塔檐形制与一层相仿，仅斗栱变化丰富。二层柱头斗栱双抄五铺作出斜栱，补间双抄五铺作无斜栱。转角与补间铺作连为整体，做鸳鸯交首栱式；[3]三、四、六、七层斗栱布置与二层基本一致，仅四层各面当心斗栱多一组斜栱；五层补间斗栱不施横栱，而以整条方形素枋横向贯穿华栱，形制特异，造型简洁整齐。屋顶施叠涩四角曲面屋顶。上承青砖刹须弥座，上承蕉叶托须弥座、覆钵、仰莲座，中央施铁质刹身，刹身与宝珠逐层累叠，刹身施壶门龛、券门龛及方格佛龛，内铸佛像，顶部置仰莲托桃形宝珠。

[1] 河北省地名委员会办公室. 河北名胜志 [M]. 石家庄：河北科学技术出版社，1987：113.

[2] 谢宇. 古塔建筑 [M]. 石家庄：花山文艺出版社，2013：36.

[3] 张剑喜，林秀珍，张志忠. 河北临城普利寺塔的保护对策 [J]. 文物春秋，2004（5）：75-78.

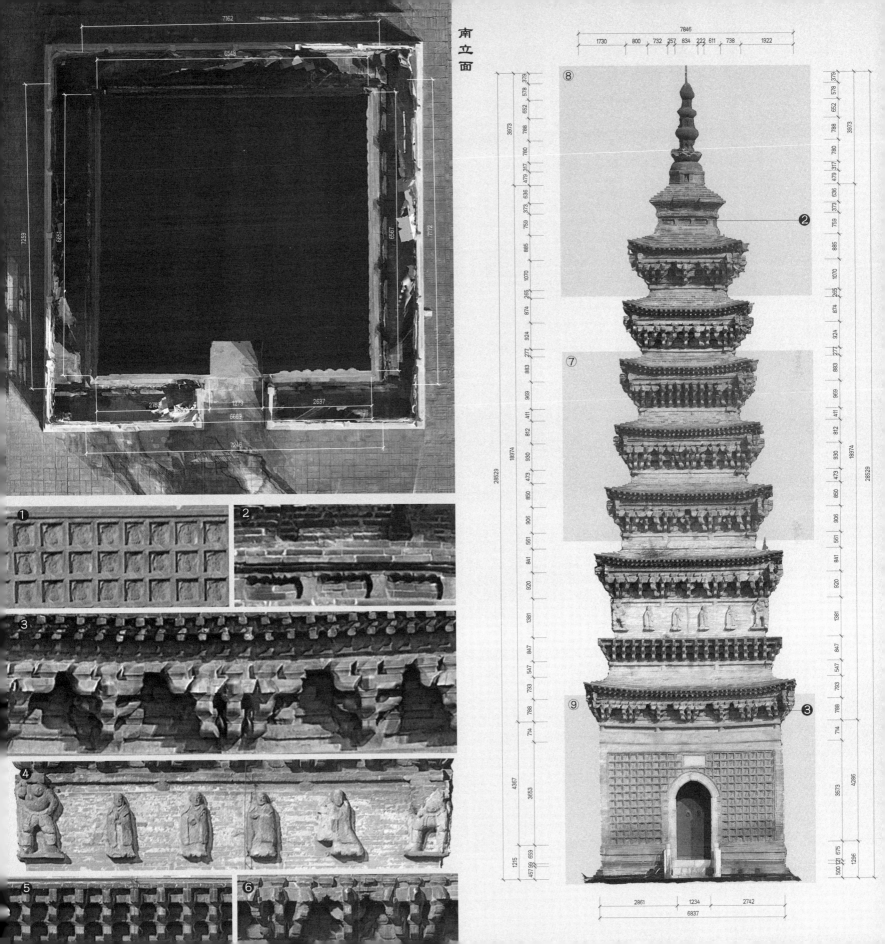

南立面

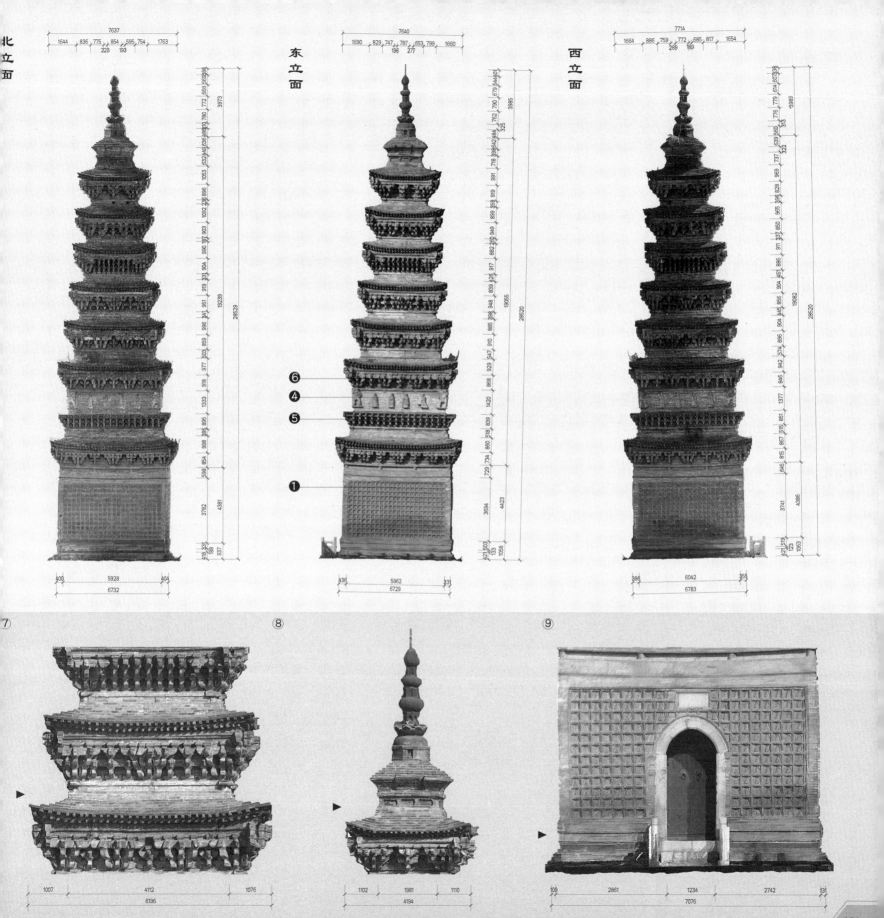

北立面

东立面

西立面

⑥
④
⑤
①

⑦

⑧

⑨

石佛寺塔

河北省邢台市隆尧县
37°25′8.39″N，114°40′57.54″E
2020-10-22

　　石佛寺塔位于河北省邢台市隆尧县尹村镇染红村内南部田地之中，始建于明代（1368—1644年），清代重修，舍利塔。据村民口述，此地古有石佛寺，建于唐开元年间，后损毁，塔因寺得名。石佛寺塔属佛教禅宗"临济宗"，为华北临济正宗舍利塔，存世极少。2018年2月14日，被河北省人民政府公布为第六批省级文物保护单位。

石佛寺塔为八角六层密檐实心砖塔。塔身高度适中，肃穆玲珑，古朴沧桑。塔由塔座、塔身、塔刹三部分组成。塔座青砖砌筑须弥式，风化斑落，侵蚀显著，但局部丰富混枭砖雕线脚，昭显曾经华美形姿；座上枋青石压面，整肃齐律。塔座上承一至二层无檐塔身，再上置四层密檐塔身，形制特异。首层塔身青砖素砌，南、北面置深龛，东、西面置雕砖圆券假门。上部双层叠涩出挑，一方一半混。上置雕砖分楼层矮束带。内饰椀花结带纹样；上置二、三层塔身，两塔身间施椀花结带纹分层束带。二层南、北、东、西面亦均置方龛；三层塔身四正面则施雕砖圆券假门。三层上部做仿木雕砖阑额、普柏枋、挑檐檩、檐椽、飞椽等，檐上布瓦，但现状瓦当滴水几乎毁落无存。四至六层塔身形制相仿，均为青砖素面塔身，上部置仿木雕砖阑额、普柏枋、挑檐檩、檐椽、飞椽等，檐上布瓦，瓦当滴水同样无存。其中四层额枋雕饰十字叶纹；六层转角则施垂花柱，柱间施花板，板下缘做壶门曲线饰，甚为特异。塔顶施攒尖顶，上仅余残损刹座及木质刹柱。

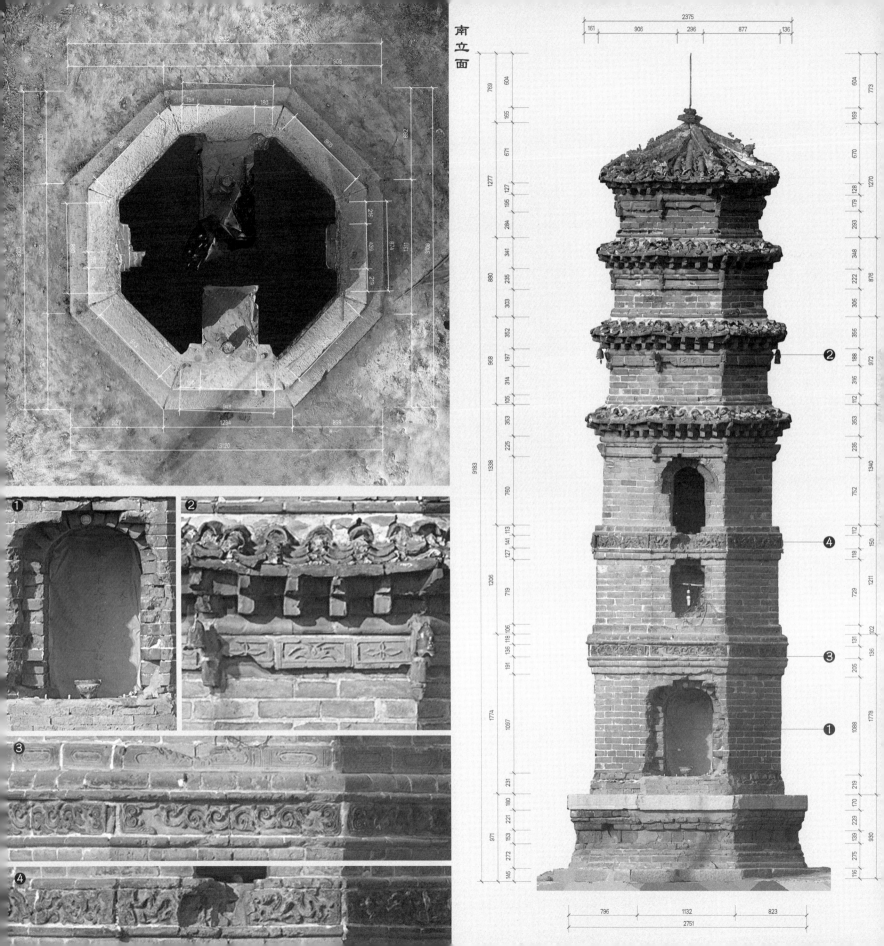

南立面

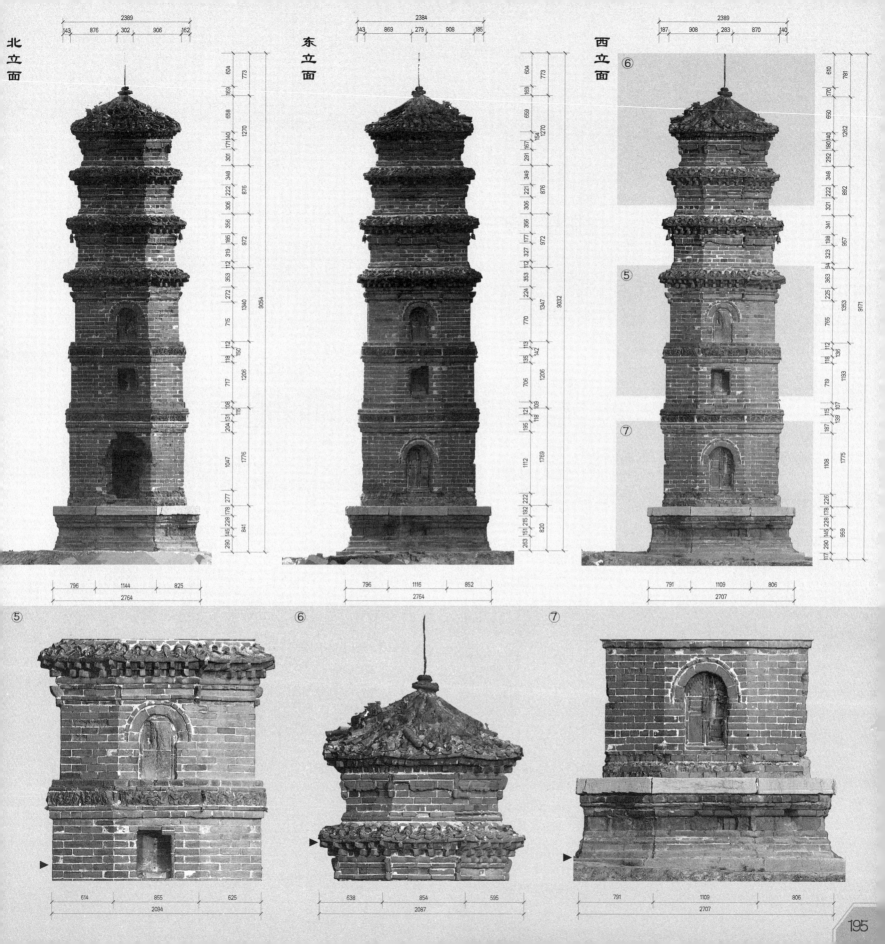

北立面

东立面

西立面

⑤　⑥　⑦

195

普彤塔

河北省邢台市南宫市
37°22′25.99″N, 115°21′29.30″E
2020-10-24

　　普彤塔位于河北省邢台市南宫市西丁街道北旧城村南大线南普彤寺内，始建于东汉永平十年（67年）。东汉初期，首批御准传法高僧摄摩腾和竺法兰，于南宫主持修建普彤寺及佛塔。[1]普彤寺是河北乃至全国最早的寺庙，较洛阳白马寺（始建于永平十一年）及其齐云塔（始建于永平十二年）早，被誉为"中华第一佛塔"，[2]被视为中原佛教文化"释源"圣地。2013年3月5日，被国务院公布为第七批全国重点文物保护单位。

　　普彤塔为八角八层密檐实心砖塔。现一层大部埋入地下，结合上部佛塔形制及其造型完整性考查，一层实可视为台基，但能入人，且置佛像，因而普遍被视为一层，确为特例。因此，塔身以上实际檐部应为八层（以塔完整性计，本书视为八层论述）。塔身高大挺拔，收束显著，古朴沧桑。塔曾施白皮素面，今存片状遗迹。塔由台基（首层）、塔座、塔身、塔刹四部分组成。台基青砖素砌，八角棱柱，高大敦厚，转角及上缘施现代水泥护角抹面。南面下部露局部砖砌拱券门，现仅露券顶。原首层为须弥座，正南券门直至塔心室。下有砖井，已填。[3]其上中央置塔座，青砖素砌，上部叠涩至一层塔身。塔身亦素面，南、东、北、西四面置券洞，内置佛像。券洞周边再施方形凹龛。其余各面置素面盲窗。塔身上部置仿木雕砖阑额、普柏枋，上承叠涩出檐，雕饰斗栱，双抄五铺作，出斜栱。上承撩檐槫，托厚重曲檐，出挑甚少。檐上无脊无瓦，角部微隆。二至六层塔身形制基本相同，仅细节存异。二层斗栱与首层一致。三层至七层补间铺作简为单抄四铺作，且间距、数量亦有变化，三、四层三朵，五、六层二朵；此外，二至六层均辟圆券洞，七至八层则置壶门洞，且形制亦有不同。前者洞上沿较平；后者呈山形。塔顶八角攒尖顶，布瓦，角脊平直，端施套兽。上承明嘉靖铁铸"仰莲钻首"式塔刹，刹座异形须弥座，圭角、覆莲、束腰，承仰莲座，中央托葫芦宝珠。

[1] 邢台地区革命委员会文化局. 邢台地区文物普查报告 [R]. 1977: 17.
[2] 韩玉哲. 佛教探源——普彤塔 [J]. 邢台学院学报, 2018, 33 (1): 12-15.
[3] 南宫市文保所. 河北南宫普彤塔 [J]. 文物春秋, 1994 (3): 97, 84.

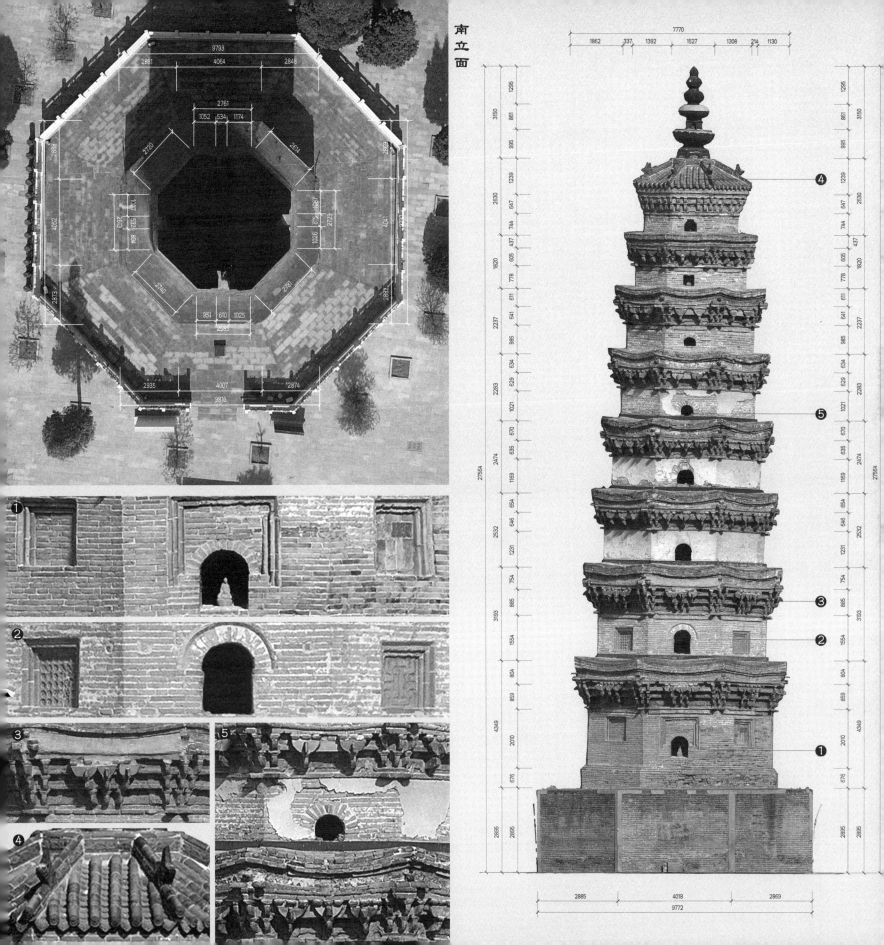

南立面

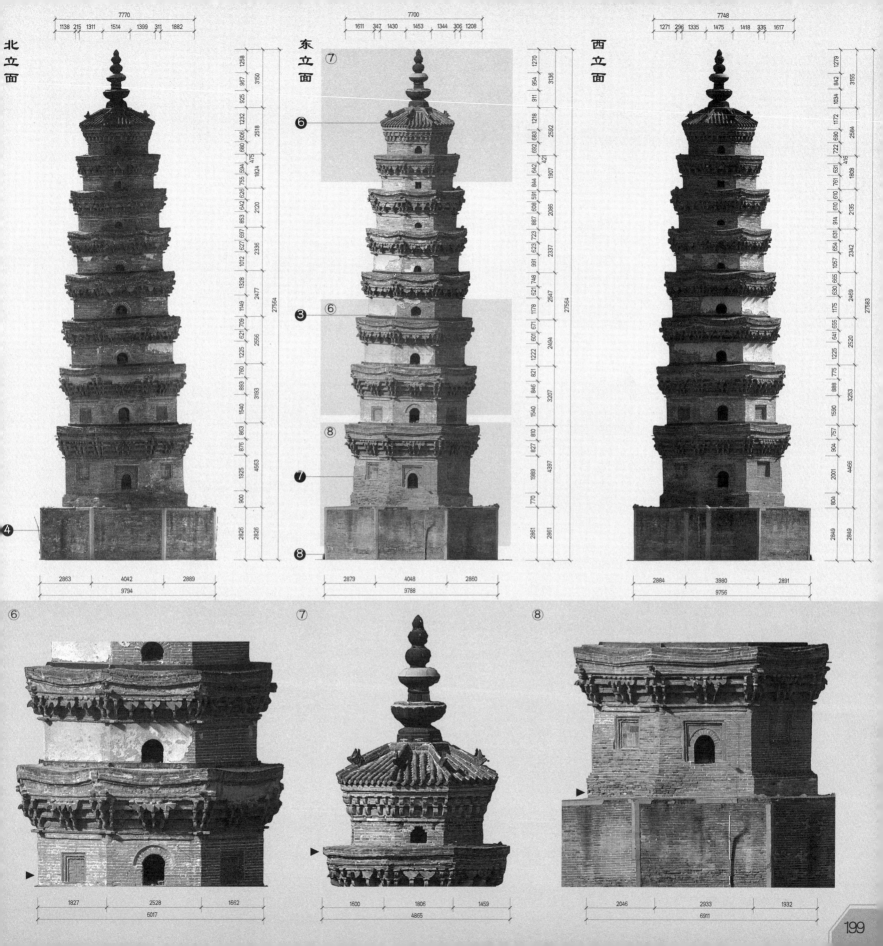

北立面

東立面

西立面

199

宝云塔

河北省衡水市桃城区
37°43′1.59″N，115°38′9.42″E
2020-01-19

宝云塔位于河北省衡水市桃城区河沿乡旧城村宝云寺西北角。《衡水县志·古迹》载："宝云塔，在旧县，高十余丈，唐时建造"，[1]亦有记载始建于隋大业二年（606年），均无考证，其确切年代不详。[2]据形制推测为宋代（960—1279年）早期建筑。[1]塔下石碑记载，塔明、清代曾多次修缮。原称擎天塔，后因宝云寺改名。2006年5月25日，被国务院公布为第六批全国重点文物保护单位。

宝云塔为八角九级楼阁式空心砖塔。内部空心，一至五层穿心结构，内壁折上式；六至九层空心结构，置梯攀上，构造精妙。塔体高大，逐层收进显著，无收分，呈尖锥状。整塔高耸瘦俊，秀丽精美。塔由塔座、塔身、塔刹三部分组成。塔座低矮八角，青砖素砌。南面置台基可至塔心室。其上承一层塔身，八角，素面青砖，南、北面劈方形圆开券门。上部叠涩出檐，仅施雕砖仿木斗栱。上承仿木撩檐枋，飞椽、一匹薄砌檐口，平直硬朗，出檐甚短。上施砖雕仿瓦当饰块，檐上置叠涩坡屋顶。上承二层塔身，形制特异，墙身甚矮，南面施宝云塔匾额一块。上部置砖雕仿木平座，普柏枋，托斗栱，角铺作

出斜栱。平座上置三层塔身，南、东、西三面劈圆券门，施方门框、门簪等；北面施假门。墙身上部施仿木圆柱、阑额、普柏枋、斗栱等。平砖出檐极短。檐上与平座融为整体，平座饰栏板形意向，但语义不确凿。四至九层形制相仿，仅局部细节略有变化。四、五层斗栱为双抄五铺作，六、七、八层为单抄四铺作，两组均出斜栱，均施鸳鸯交首栱式。九层补间铺作则无斜栱；四、六、七、八层檐部施仿木撩檐枋、方椽意向、薄砖反曲檐口。上置平座，除四层素饰外，其余施菱角牙子饰。五层檐部与三层一致。顶层屋面施叠涩八角锥形屋顶，上承塔刹，叠涩出檐基座，上承砖砌覆钵，再承葫芦宝珠。

[1] 赵艳玲. 衡水名塔——宝云塔 [J]. 衡水学院学报, 2004, 6 (1): 19-21.
[2] 冯石岗, 贾建梅. 衡水文化印象 [M]. 上海: 上海三联书店, 2017.

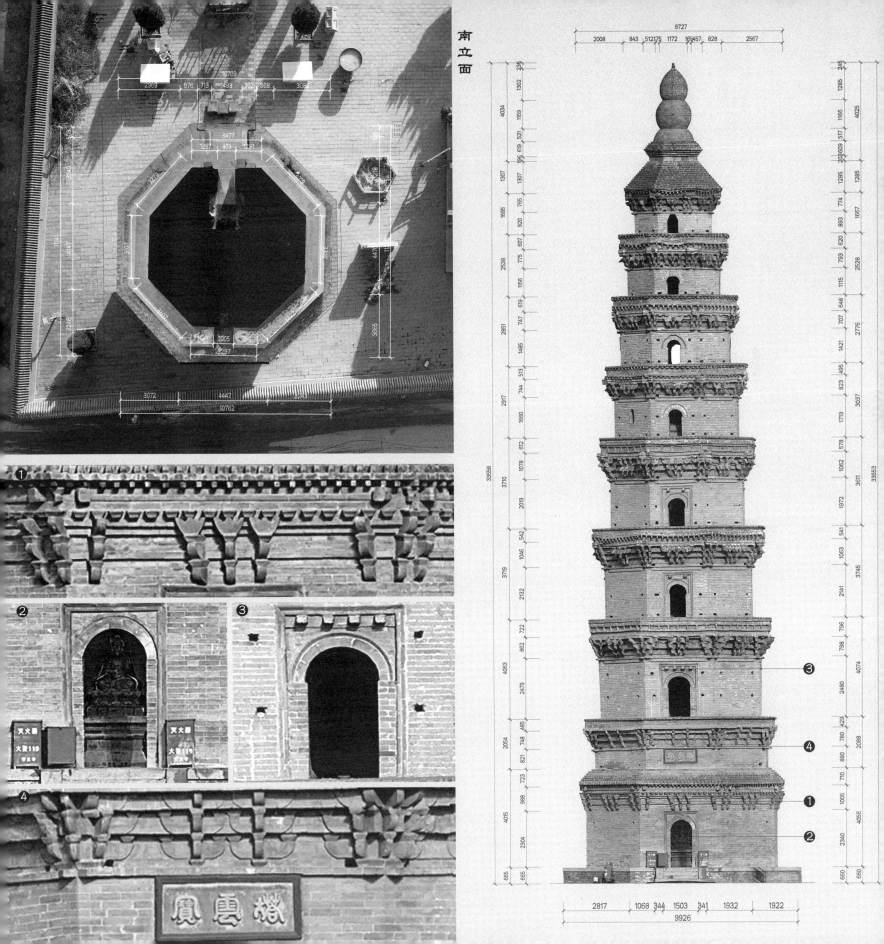

南立面

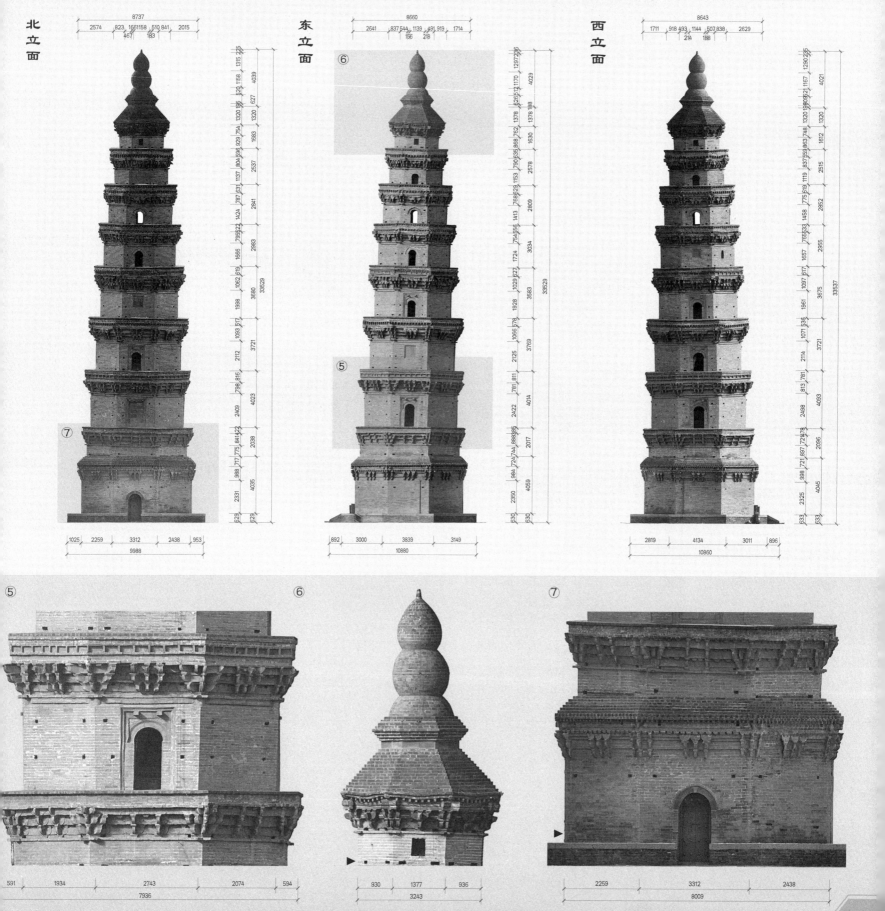

北立面

东立面

西立面

⑤

⑥

⑦

郭宝珠塔

河北省邯郸市武安市
36°44′56.44″N，114°10′46.62″E
2020-10-18

郭宝珠塔位于河北省邯郸市武安市西土山乡西土山村外北部山坡上，村原名西孝义，村内寺庙众多。塔身嵌《明故土人郭宝珠墓志铭》，字迹模糊不清，依稀存"故土人郭宝珠""卒于隆庆，享年64岁"等字样，郭宝珠生平则消失不得。据此推测塔为明代所建，塔亦由此得名。现塔体损坏严重。2007年6月，被公布为邯郸市第二批市级文物保护单位。

郭宝珠塔为八角楼阁式砖塔，现存四层，上层毁损，具体层数不详。塔体高度适中，各层逐渐收进，一、二层塔身收分显著，造型敦厚古朴，硬朗端正，现损坏严重。塔由台基、塔身、塔刹三部分组成，现塔刹无存。台基石砌，甚是低矮，仅露少许。其上置一层塔身，较二、三层高大许多，砖砌素面，转角及墙根部位裂缝甚多。一层塔身东侧下部置梳背券门，内部中空可入，曾遭盗挖。塔身南面嵌塔铭一块，字迹模糊不清，仅余少许文字可辨。一层塔身南面造型怪异，砖砌仿木意向，形意极简，叠涩线脚拟梁枋，间夹斗砌拟栱砖，应为后世修补；其余各面上部则均施仿木砖雕花柱头，承额枋、普柏枋，枋上雕花饰。其上置斗栱，构件毁损严重，应为单抄四铺作，可见泥道栱、华栱等雕件，且华栱饰卷刻纹，尽显其时精致繁复之美。栱上承叠涩挑檐，做半混。上承曲形屋檐，雕飞椽，角部置檐上叠涩，角部隆起，无瓦屋脊，部分檐部破损严重。二层除于塔身南墙面辟龛洞，砌梳背券门，额枋作繁复雕花装饰外，其余形制大致与一层相仿。三层除斗栱简为斗口跳式，南墙面施壶门券洞外，形制与二层一致。四层仅余塔身及其上一匹线脚，塔身甚是低矮，南面置方龛洞，其上部无存。

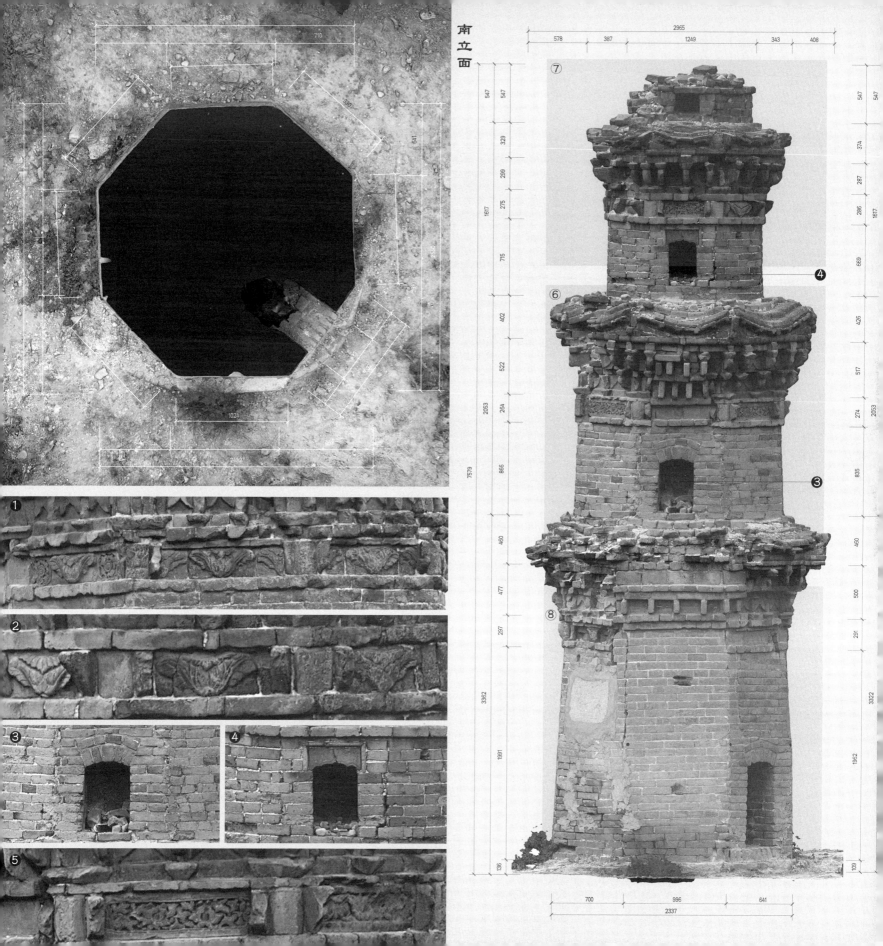

南立面

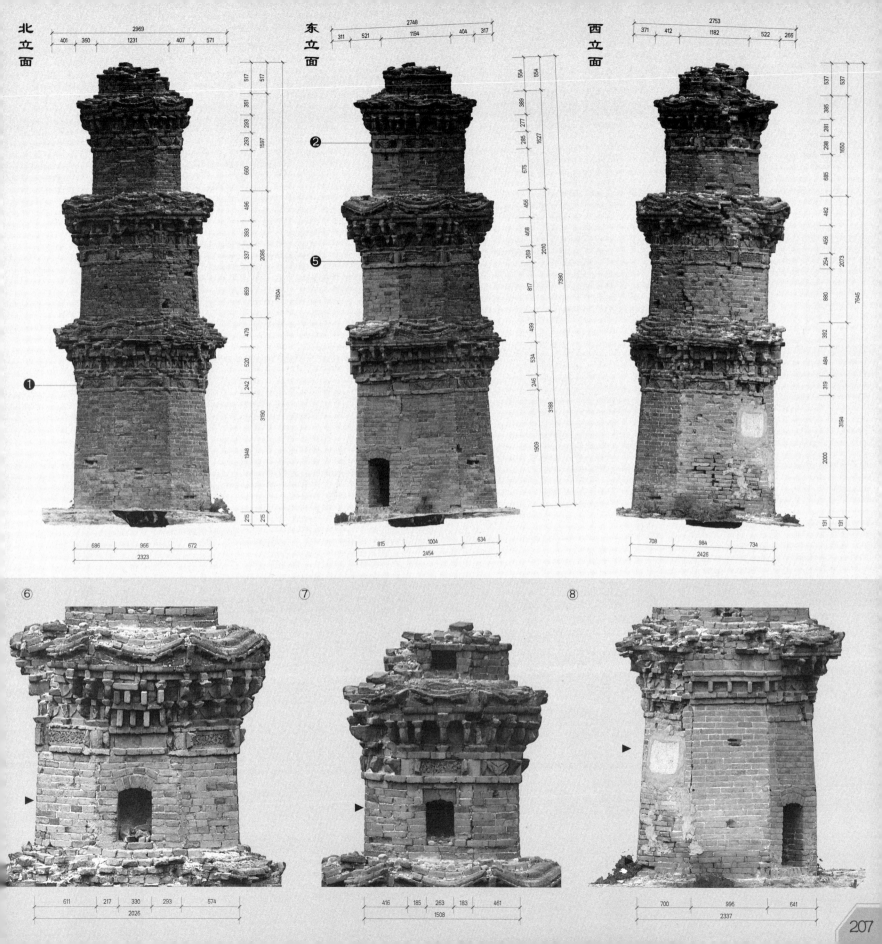

北立面

东立面

西立面

舍利塔

河北省邯郸市武安市
36°41′45.2″N, 114°12′1.33″E
2020-10-20

　　舍利塔位于河北省邯郸市武安市城内塔西路转角北部公园内,原妙觉寺南。妙觉寺始建时间不详。塔建于北宋(960—1127年)年间,[1]其下地宫内藏舍利,宫内置石佛,其一镌"宋元祐六年(1091年)重修十方佛"题记,因而得名舍利塔。明万历三十八年(1610年)、清光绪三十二年(1906年)均对塔修缮。2019年10月7日,被国务院公布为第八批全国重点文物保护单位。

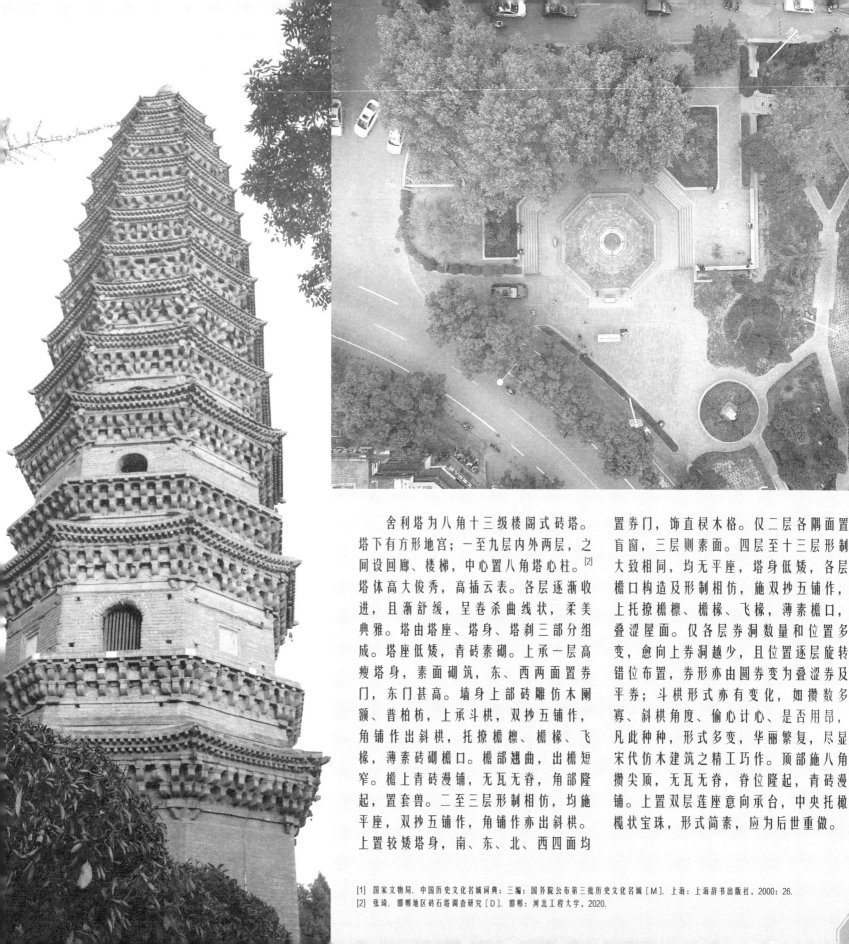

　　舍利塔为八角十三级楼阁式砖塔。塔下有方形地宫；一至九层内外两层，之间设回廊、楼梯，中心置八角塔心柱。[2]塔体高大俊秀，高插云表。各层逐渐收进，且渐舒缓，呈卷杀曲线状，柔美典雅。塔由塔座、塔身、塔刹三部分组成。塔座低矮，青砖素砌。上承一层高瘦塔身，素面砌筑，东、西两面置门，东门甚高。墙身上部砖雕仿木阑额、普柏枋，上承斗栱，双抄五铺作，角铺作出斜栱，托撩檐檩、檐椽、飞椽，薄素砖砌檐口。檐部翘曲，出檐短窄。檐上青砖漫铺，无瓦无脊，角部隆起，置套兽。二至三层形制相仿，均施平座，双抄五铺作，角铺作亦出斜栱。上置较矮塔身，南、东、北、西四面均置券门，饰直棂木格。仅二层各隅面置盲窗，三层则素面。四层至十三层形制大致相同，均无平座，塔身低矮，各层檐口构造及形制相仿，施双抄五铺作，上托撩檐檩、檐椽、飞椽，薄素檐口，叠涩屋面。仅各层券洞数量和位置多变，愈向上券洞越少，且位置逐层旋转错位布置，券形亦由圆券变为叠涩券及平券；斗栱形式亦有变化，如攒数多寡、斜栱角度、偷心计心、是否用昂，凡此种种，形式多变，华丽繁复，尽显宋代仿木建筑之精工巧作。顶部施八角攒尖顶，无瓦无脊，脊位隆起，青砖漫铺。上置双层莲座意向承台，中央托橄榄状宝珠，形式简素，应为后世重做。

[1] 国家文物局. 中国历史文化名城词典：三编：国务院公布第三批历史文化名城［M］. 上海：上海辞书出版社，2000：26.
[2] 张琦. 邯郸地区砖石塔调查研究［D］. 邯郸：河北工程大学，2020.

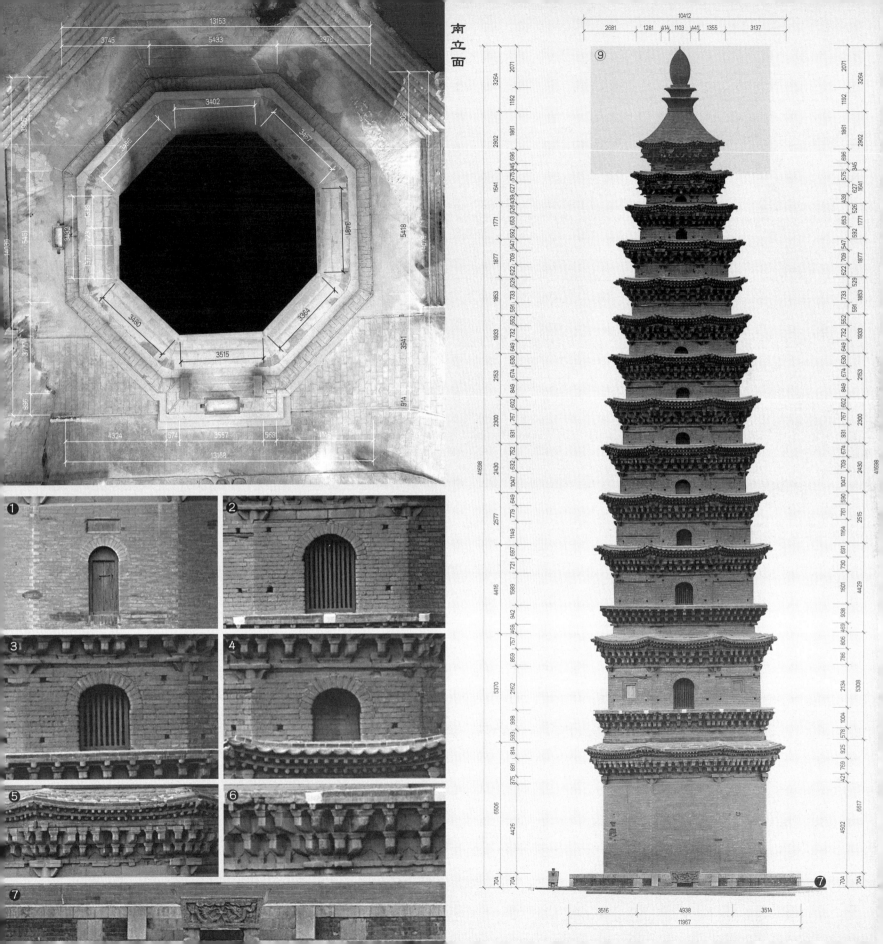

南立面

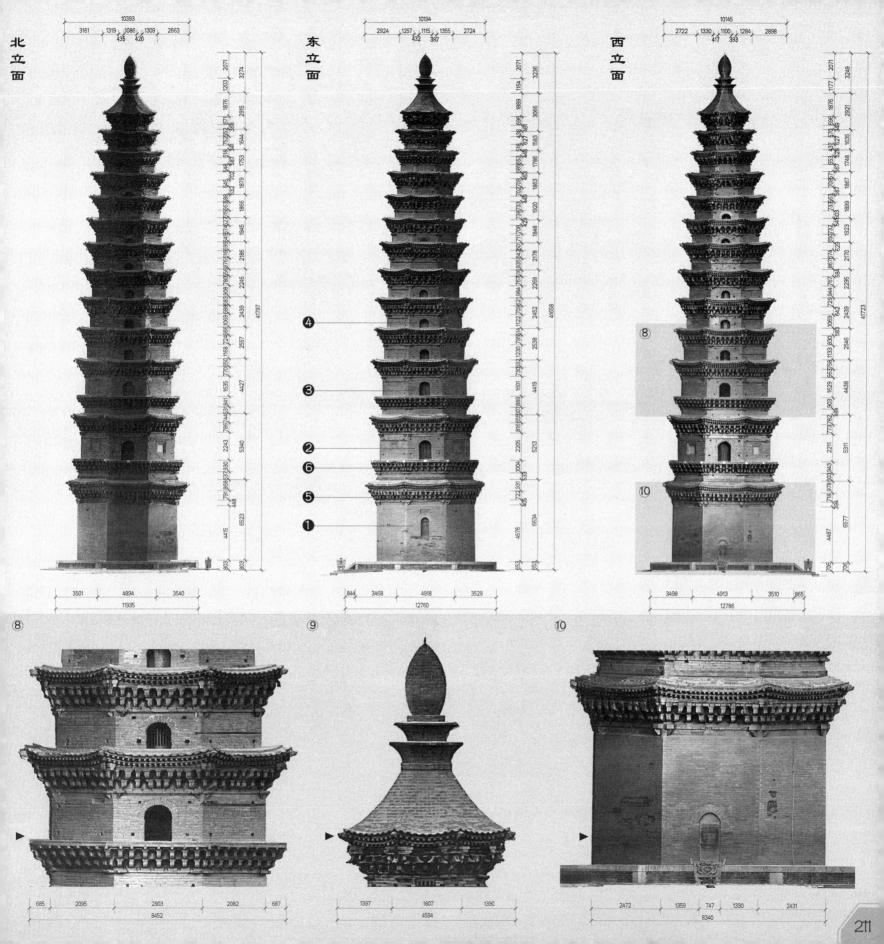

北立面

东立面

西立面

211

玉峰塔

河北省邯郸市武安市
36°38′56.15″N，114°6′38.73″E
2020-10-18

　　玉峰塔位于河北省邯郸市武安市午汲镇下白石村西南玉峰山山巅，原为寺庙佛塔，现寺庙无存。塔坐于山顶，庄重秀美。玉峰塔建于宋（960—1279年），具体时间不详。塔因山得名。2008年10月23日，被河北省人民政府公布为第五批省级文物保护单位。

　　玉峰塔为八角五级楼阁式砖塔，内置塔心室。塔体高度适中，端庄古朴，秀丽典雅。各层逐级收进，一、二、四层收分显著；三、五层收分甚缓。塔由台基、塔座、塔身、塔刹四部分组成。台基为玉峰山山顶原石，其上置低矮塔座，青砖素砌。上置一层塔身，高大素面，南部劈券门，可入塔心室。券门上嵌砖匾一块，阳雕"玉峰塔"三字。余面置直棂盲窗。塔身上部施砖雕仿木阑额、普柏枋，上承斗栱，双抄五铺作。上托叠涩砖雕撩檐檩、檐椽、飞椽、薄砌檐口。檐部微曲，出檐窄短。檐上施叠涩坡屋面，无瓦屋脊，脊位微隆。一层檐上置二层塔身，高度甚矮，形制特异。仿须弥座，无上枋，仅施多层勒脚，雕混线，施平行直线饰。其上紧接仿木砖雕撩檐檩、檐椽、飞椽等，与一层相仿，仅檐口形态平直。其上再承三层塔身，高于二层，南面置砖券洞。再上四层塔身与二层接近，亦施多层勒脚；檐部形制则与二层相仿。五层除檐部斗栱简为单抄四铺作外，其余形制与下层一致。屋顶施平坦叠涩短屋顶。上承塔刹，砖砌须弥矮刹座，托硕大双层仰莲座，刹顶无宝珠，应遗失，抑或本无。

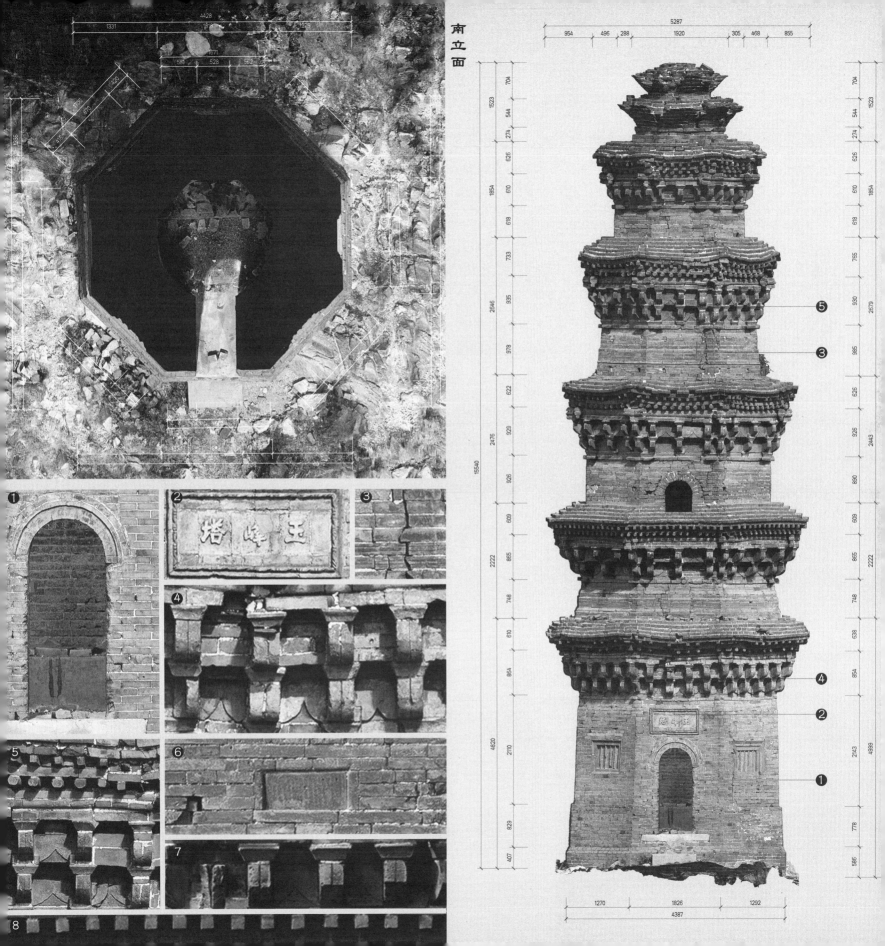

南立面

北立面

5299
871 | 482 | 298 | 1942 | 267 | 503 | 935

704 | 1523
544
274
588
625 | 1828
615
628
1058 | 2658
972
600
956 | 2461
905
539
857 | 2204
748
617
883
2120 | 4897
824
454

15571

1270 | 1784 | 1374
4428

东立面

⑩
⑦
⑨
⑥
⑧
⑪

5298
844 | 360 | 333 | 1841 | 471 | 408 | 1040

704 | 1645
544
396
474
622 | 1731
635
765
912 | 2679
1002
606
911 | 2407
890
580
891 | 2225
754
592
897
2136 | 5031
820
586

15719

1367 | 1795 | 1287
4448

西立面

5264
1013 | 418 | 467 | 1845 | 308 | 383 | 829

704 | 1571
572
295
578
610 | 1805
618
765
930 | 2679
985
626
926 | 2487
934
607
823 | 2197
768
618
861
2083 | 4832
831
439

15572

1213 | 1945 | 1312
4470

⑨

1498 | 2270 | 1502
5270

⑩

756 | 1100 | 816
2672

⑪

1367 | 1795 | 1287
4448

215

北安庄塔

河北省邯郸市武安市
36°38′34.54″N，114°11′59.28″E
2020-10-16

　　北安庄塔位于河北省邯郸市武安市北安庄乡北安庄村西。塔下原有寺院，现寺失塔存。北安庄塔建于明代（1368—1644年），具体时间不详。塔因村落得名，2018年2月14日，被河北省人民政府公布为第六批省级文物保护单位。

　　北安庄塔为八角七级楼阁式空心砖塔，内置塔心室。塔体高度适中，各层塔身逐层收进，纤细瘦俊，亭亭玉立。檐部由下到上，从八边形逐步过渡为圆形，形式奇特。塔由台基、塔身、塔刹三部分组成。台基石砌，坐于地下。塔身直接起于地面，青砖素面，北部劈门，可入塔心室，首阶甚高，循阶可至三层。墙身上部叠涩一匝，直接仿木雕砖仿拟斗栱，双抄五铺作，托三层叠涩檐口，檐上施叠涩坡屋顶。檐口平直，轻薄硬朗。二至七层形制与首层整体相似，仅于细节处作变化。其中二、三、四塔身南面劈门、窗洞；二、三、五、六层塔檐下施仿木雕砖斗栱，形制与一层相近，施叠涩，饰双抄五铺作意向斗栱。四和七层形制特异，檐下均置双层雕饰，下层施单抄四铺作，上承三层仰莲式牙子。屋顶施叠涩圆锥坡屋顶。刹座金属制，圆形仰、覆莲各半叠置座，上承覆钵，托葫芦宝瓶塔刹。

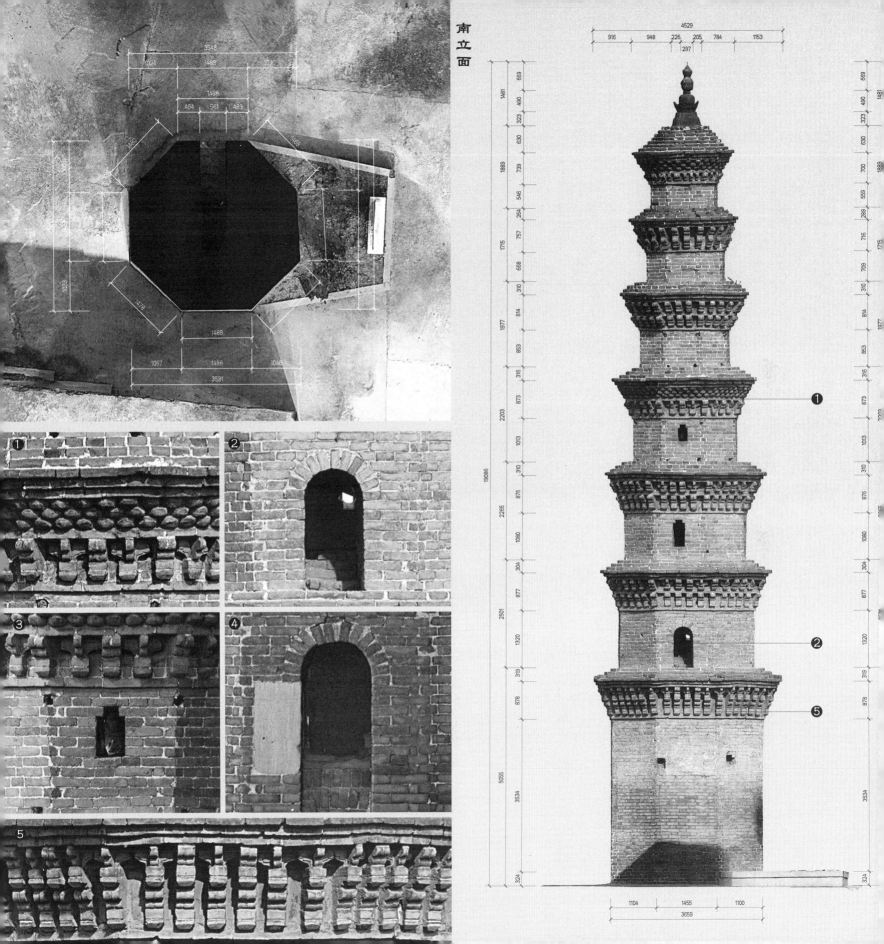

南立面

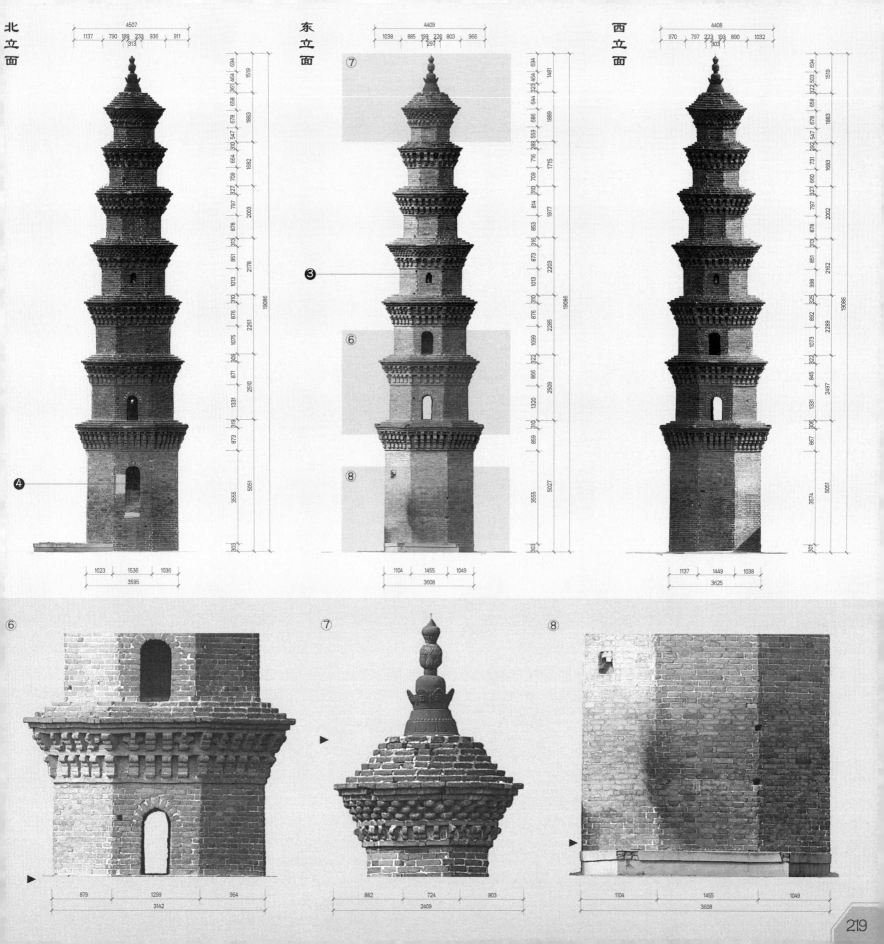

北
立
面

东
立
面

西
立
面

野河塔

河北省邯郸市武安市
35°35′55.02″N，114°14′46.61″E
2020-10-16

　　野河塔位于河北省邯郸市武安市淑村镇野河村村南。塔下原有寺院，现寺失塔存。野河塔建于宋代（960—1279年），具体时间不详。塔因村得名。2005年6月，被邯郸市人民政府公布为邯郸市第二批市级文物保护单位。

　　野河塔为圆形七级楼阁式空心砖塔，内置塔心室。塔身各层形势连续，收分卷杀联袂，浑然一体。塔体小巧秀丽，灵动典雅，宛若天成。塔由台基、塔座、塔身、塔刹四部分组成。台基硕大，毛石砌筑，八角锥台，台面上缘砖砌栏板。台基东部劈直台阶可达塔座。台基中央置塔座，八角锥形，现代素水泥抹面，东面施低矮门洞，室内中空，不可攀登。塔座上施二层塔身，截面圆形。东西两面嵌塔铭，但字迹模糊，难以辨读。墙身施半混腰线，上部东面置壶门窗洞。檐部施三层砖雕仰莲，出挑甚短，生动奇异。其上三至七层形制与一层相仿，仅最上三层无窗洞。屋顶施叠涩圆锥坡屋顶。上承塔刹，施单层仰莲刹座，上托菱形刹珠。

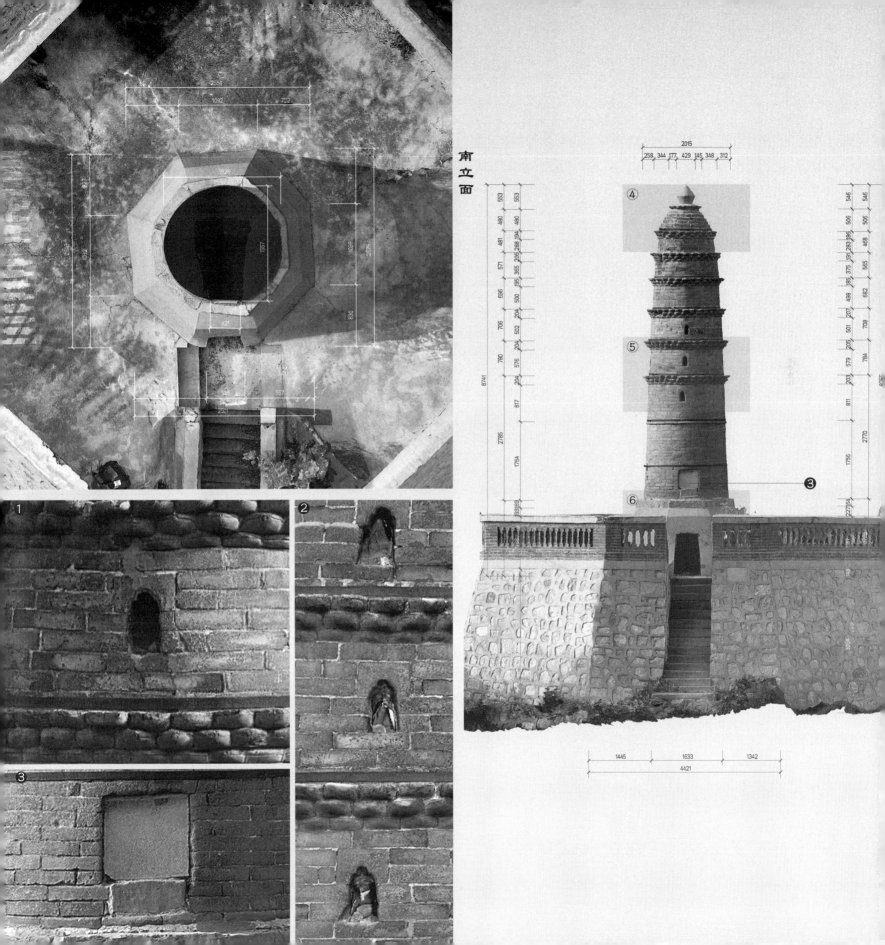

南立面

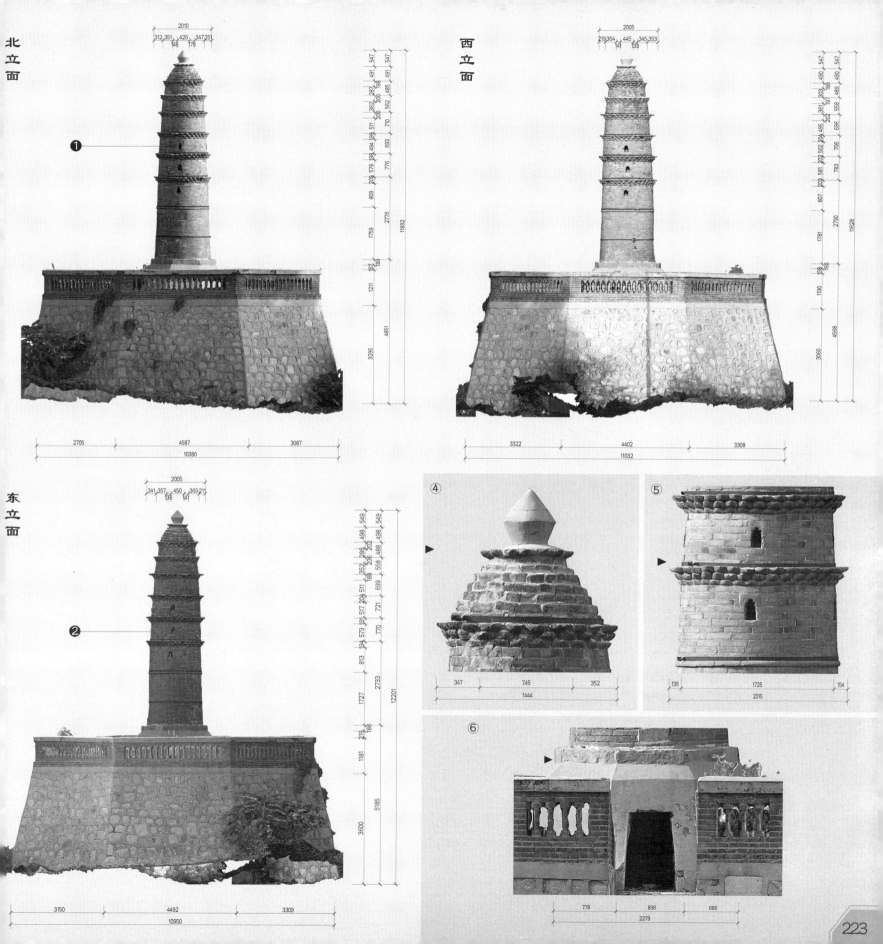

北立面

西立面

东立面

④

⑤

⑥

南岗塔

河北省邯郸市武安市
36°35′9.55″N，114°2′15.46″E
2020-10-17

南岗塔位于河北省邯郸市武安市磁山镇南岗村西，太行山支脉结尾山岗之上，始建于宋代（960—1279年），具体时间不详。塔因村得名。塔有石碑，刻纹模糊，仅存"河南省彰德府磁州武安县□城里牛西铺□慈龛重修宝塔记"和"大明嘉靖三十六年岁丁巳□前吉起"字样。2001年2月7日，被河北省人民政府公布为第四批省级文物保护单位。

　　南岗塔为八角三级楼阁式空心砖塔，存地宫。塔内置塔心柱、回廊。塔身高度适中，逐层收进，收分显著，锥形升势，浑然一体。塔体精美灵俊。曾施白灰皮饰面。原塔毁损盗掘严重，现为后期修缮形态。塔由地宫、塔身、塔刹三部分组成。地宫八角，砖砌穹顶，内饰砖雕斗栱，精美华丽。宫体部分出地面。上置三层塔身，现状无塔座。一层塔身甚高，素面为主。南面自地面起劈假券门；东、西各面劈门，位置较高。南面顶部嵌小方碑题记一块，字迹多不清晰。其上施仿木砖雕阑额、普柏枋、双抄五铺作，补间中心斗栱出斜栱。上托撩檐檩、檐椽、飞椽，薄砌一

匹檐口，平直硬朗。上施叠涩坡屋顶，多为后世修葺。上承二层塔身，施平座，仿木雕砖，施斗栱，双抄五铺作。其上置素面塔身，南面置直棂盲窗。上部施仿木结构，形制与一层檐部相仿，仅斗栱取消斜栱。二层上部为三层塔身，亦施平座，形制同于二层。上托三层塔身，施白灰皮，为后世修缮形态。东、西、南、北四面劈券形龛洞，隅面饰盲窗，内嵌铜钱纹雕砖，同为后修。上部置雕砖仿木檐部，形制与二层一致。上部施叠涩八棱锥顶。托砖雕双层仰莲座，上托金属塔刹，依次为覆钵、承台、华盖、三层宝珠。

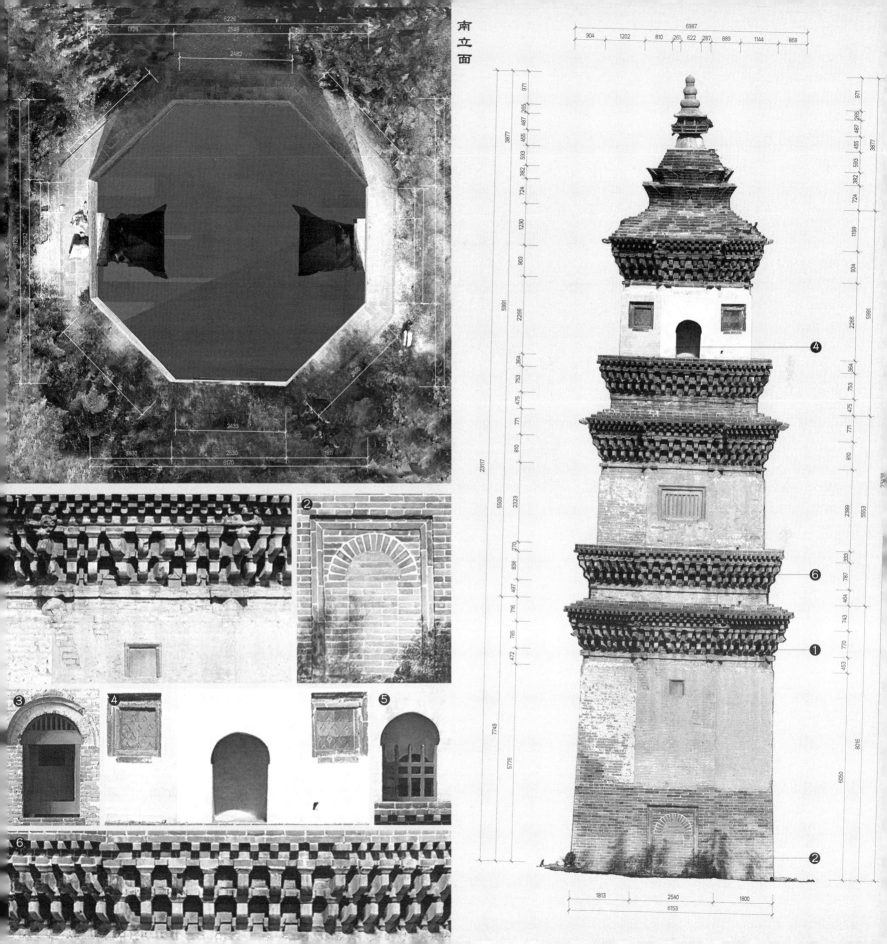

南立面

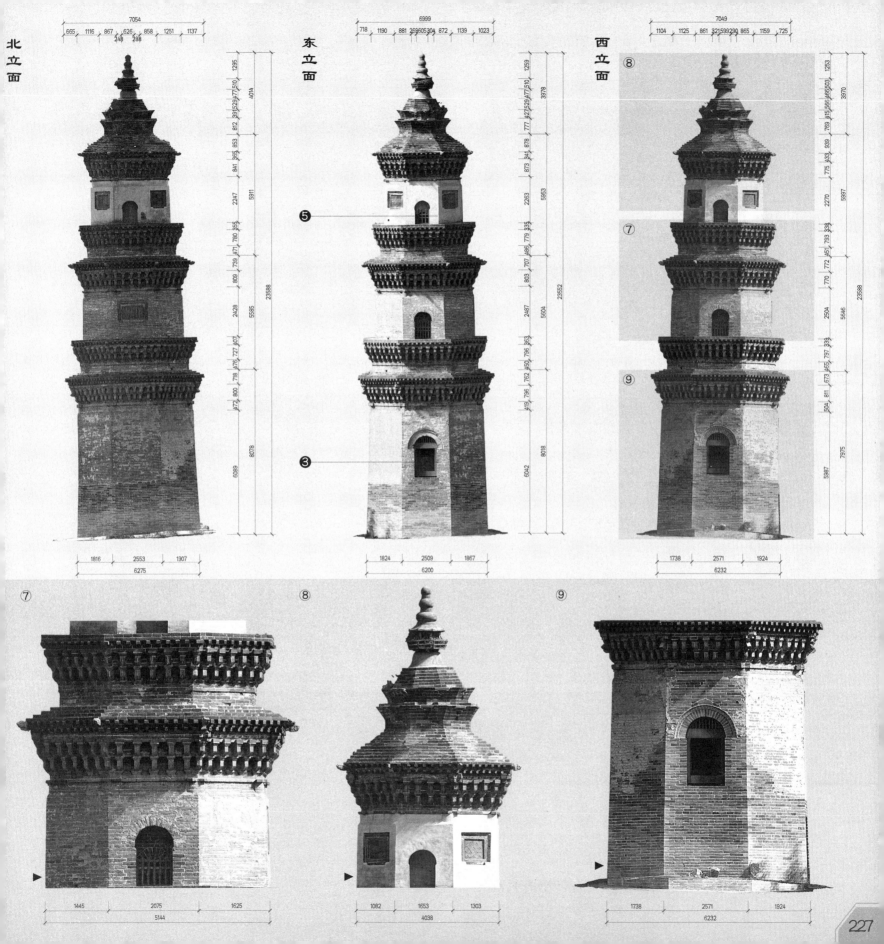

北立面

东立面

西立面

⑦

⑧

⑨

北响堂常乐寺塔

河北省邯郸市峰峰矿区
36°32′0.99″N, 114°8′58.27″E
2020-10-23

　　常乐寺塔位于河北省邯郸市峰峰矿区响堂山（又名鼓山）西侧山麓坡地，常乐寺遗址山门外西南高台之上。常乐寺始建于北齐（550—577年），与北响堂石窟并称石窟寺[1]。塔始建年代不详，曾多次维修，塔身外墙嵌宋"黄祐六年重修"（1049—1054年）碑记。常乐寺塔因寺得名。1961年3月4日，被国务院公布为第一批全国重点文物保护单位。

　　常乐寺塔为八角九级楼阁式砖塔，内壁折上式，置塔心室。塔身高大，逐层收进显著，无收分，锥阶累叠，一气呵成。塔体敦厚古朴，简洁硬朗。施白灰皮饰面，经年累月，斑驳泛黄。塔由台基、塔身、塔刹三部分组成。台基因山就势，筑于高台之上。高台中央起塔，无塔座。塔身砖砌，施白灰素面。下部做勒脚，南、东、北、西面劈券门，外施方形浅框饰。东北隅面置高券门，需梯登入，方可攀塔。一层四隅面中心施雕砖九级小佛塔，小塔一、四层置龛，形制特异。墙面嵌九块明代捐款修缮者功德石刻碑。墙面上部施阑额、普柏枋、三抄六铺作，补间中心铺作出斜栱。上托叠涩挑檐，一匹檐口，薄挑尖利，平直硬朗。檐上施叠涩坡屋顶。上承二层塔身，低矮素面。南、东、

北、西面施砖雕假门，外饰多层线框。四隅面亦施七层小佛塔饰。墙身上部雕仿木柱、枋等，檐部与一层不同，出挑施菱角牙子饰。上承薄直檐口，叠涩坡屋顶。三至七层形制则因循一、二层，交替布置，丰富生动。一、三、五、七单数檐部、斗栱等构件形制一致；二、四、六双数层檐部形制一致。各层塔身假门位置变化丰富，基本于正面和隅面间逐层交错出现，亦偶有突变，部分面改饰直棂盲窗。自三层各面假门半开半闭，内置佛像，极其特异；塔身小塔雕饰亦变化丰富，一、二、四、六、七层饰于隅面，三、五层则饰于正面，且小塔层数亦由底部九层减至五层。七层墙面嵌"黄祐六年重修"碑记一块。八、九两层毁损严重，仅存部分修饰构件。塔刹失落无存。

[1] 张琦. 邯郸地区砖石塔调查研究 [D]. 邯郸：河北工程大学，2020.

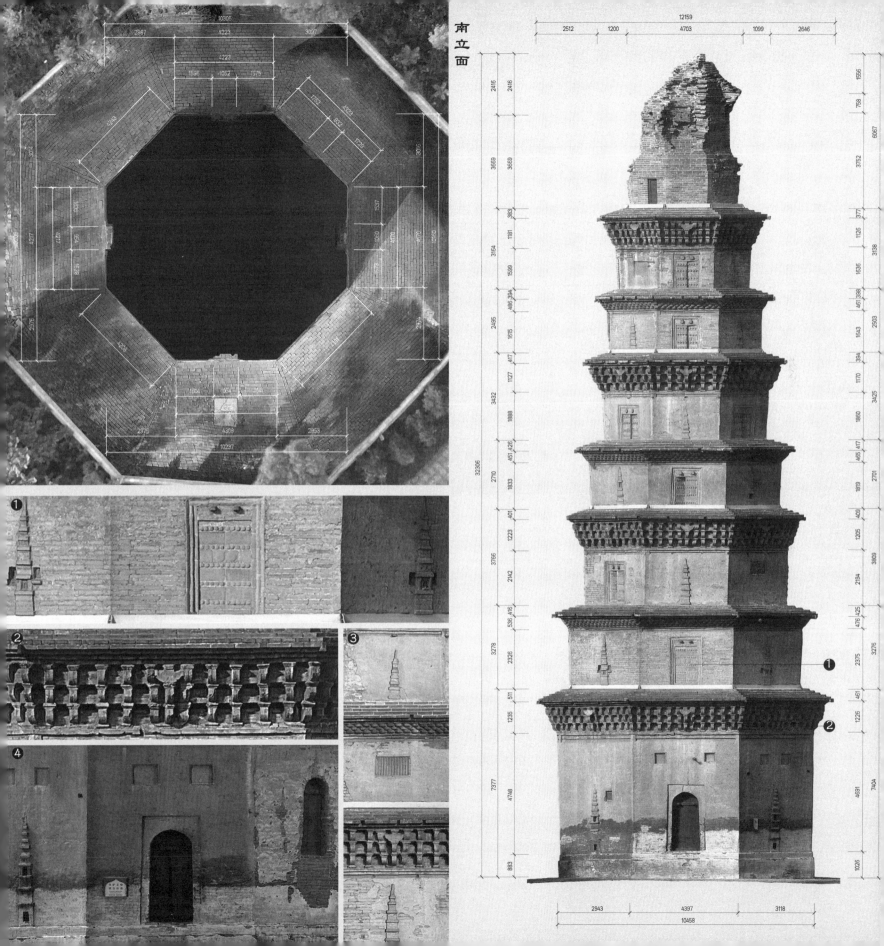

南立面

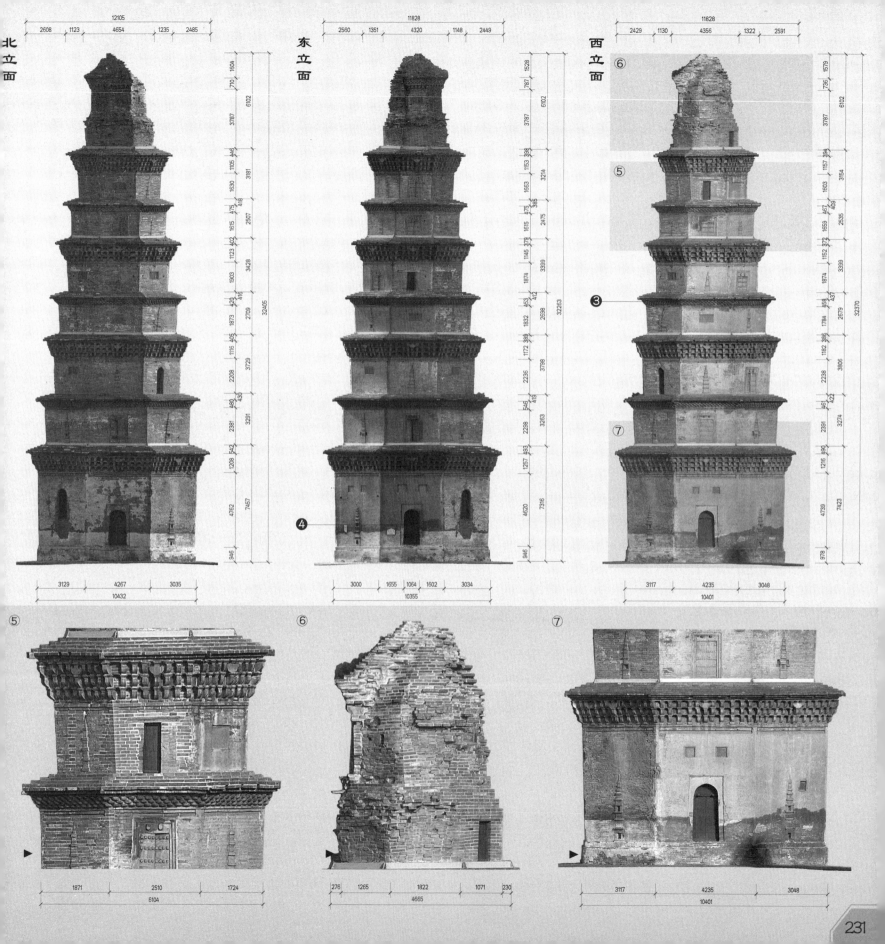

北立面

东立面

西立面

⑤ ⑥ ⑦ ③ ④ ⑦

231

南响堂寺塔

河北省邯郸市峰峰矿区
36°35'35.60"N, 114°11'23.29"E
2020-10-24

　　河北省邯郸市峰峰矿区
响堂山（又名鼓山）南部，滏
阳河北岸山脚。南响堂寺外西
侧台地之上。与北部常乐寺塔
形制相仿，遥相呼应。始建于
隋开皇年间（581—600年），
宋、清皆有重修。[1]南响堂寺
塔因寺得名，隶属于响堂山石
窟。1961年3月4日，被国务
院公布为第一批全国重点文物
保护单位。

　　南响堂寺塔为八角七级楼阁式砖塔，置塔心室，无地宫，内壁折上式。塔身高大，逐层收进且收分显著，锥形升势，气韵贯通。塔体挺拔遒劲，沧桑古朴。塔由台基、塔身、塔刹三部分组成。台基于山门外西部约70米处，因山就势，筑于高台之上。台面整体南倾，中部起塔身，塔座甚小，毛石砌筑，凌乱碎错。上承一层塔身，青砖素砌，南面劈圆券门，上施雕砖仿木门楣、门簪构件，内置塔心室。墙身上部施砖雕仿木柱、阑额、普柏枋。托斗栱，双抄五铺作，出斜栱。上承撩檐檩、檐椽、飞椽，薄砌檐口，平直硬朗，檐上叠涩坡屋顶，现檐口破损掉落严重。二层至七层，塔身逐层渐矮，除部分构件变化，整体形制基本相同。其中二层南、北面劈圆券门；三层东、南、西、北四面置圆券龛、洞；四层东、南施圆券洞；五层南、西、北面施圆券龛；六层西、南两面施方形门洞；七层则素面；五层东南、西南隅面特施直棂盲窗；檐口形制变异以斗栱为主，二至五层施双抄五铺作，不出斜栱，且数量逐层减少，六、七层仅施单抄四铺作。顶层屋面施八角叠涩锥形顶，上承塔刹。砖砌须弥座塔刹，叠涩出挑，束腰施斗砖仿木柱。上承五层仰莲座，中央托锥形宝珠，为后世修造，原物无存。

[1] 张琦. 邯郸地区砖石塔调查研究 [D]. 邯郸: 河北工程大学, 2020.

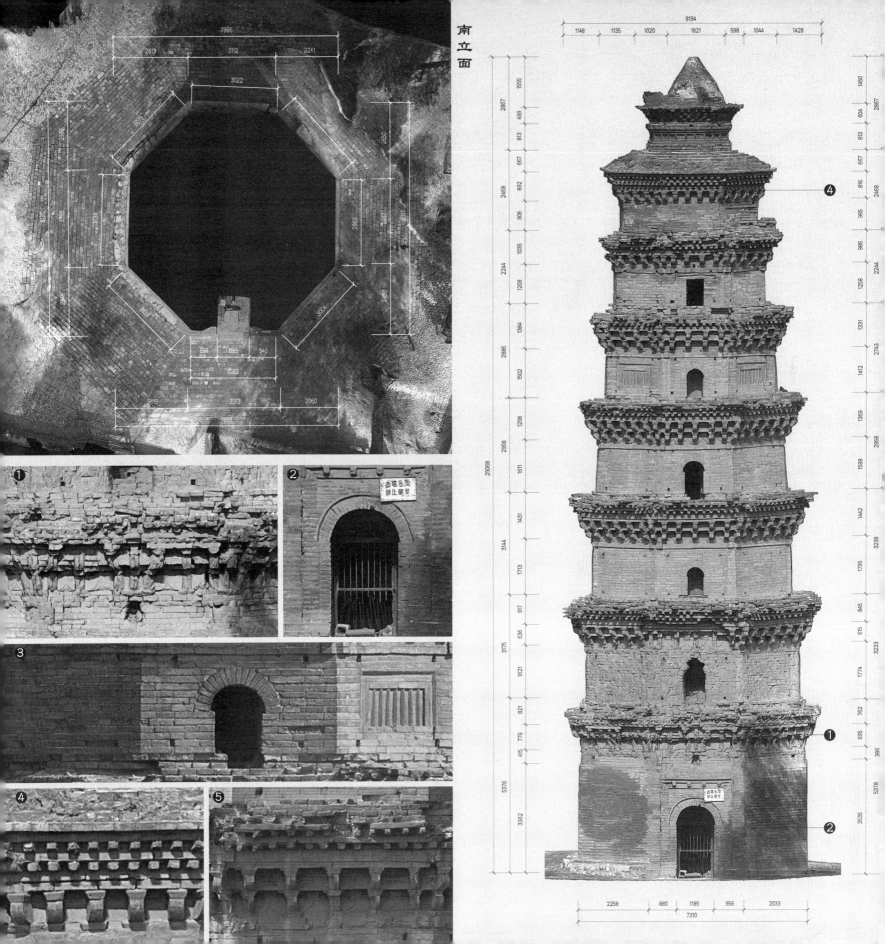

南立面

澍鹫寺塔

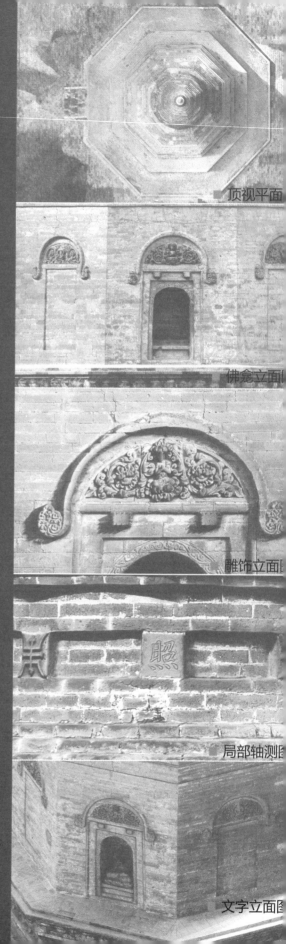

■ 多属性正立面组合图

顶视平面

佛龛立面

雕饰立面

局部轴测

文字立面

古塔病害

河北地区现存古塔受到地震、沉降、热胀冷缩等因素影响，塔体普遍存在不同程度倾斜。河北东北部地区，尤其唐山古塔倾斜与地震密切相关。据史料记载，大部分古塔倾斜均为地震所致，因而呈现河北地区最为严重的倾斜程度。河北北部至中部古塔普遍存在不同程度北向倾斜，这与区域昼夜温差较大有关。长期温差循环下，塔体南面反复缩胀冻融，而修长塔体的累加效应亦加剧了影响，南面塔体较北面普遍松疏变长而北倾。河北中部至南部古塔倾斜则相对较弱，主要原因与沉降和盗挖倾斜相关。

局部构件坠落亦是常见病害，其中塔身檐部、平座等悬挑构件脱落情况严重，且河北北部和中部古塔脱落情况较南部显著，这与北部温差冻融严重直接相关。塔顶、檐端等端部构建脱落亦很严重。

扭转变形则是另一类病害，历经沧桑，古塔各层在水平方向或多或少存在扭转，有同向扭转，亦有各层不同向扭转。其中，檐部扭转最为显著，一方面，因塔身本体扭转，导致檐部伴随；另一方面，则源于后期修葺未考虑修正，导致塔身扭转于檐部放大。

除上述结构性问题，古塔还广泛存在裂缝、返碱、风化、植物生长等各种局部问题，这些问题均会导致塔体健康状况衰退。

各层扭转

构件脱落

盗挖

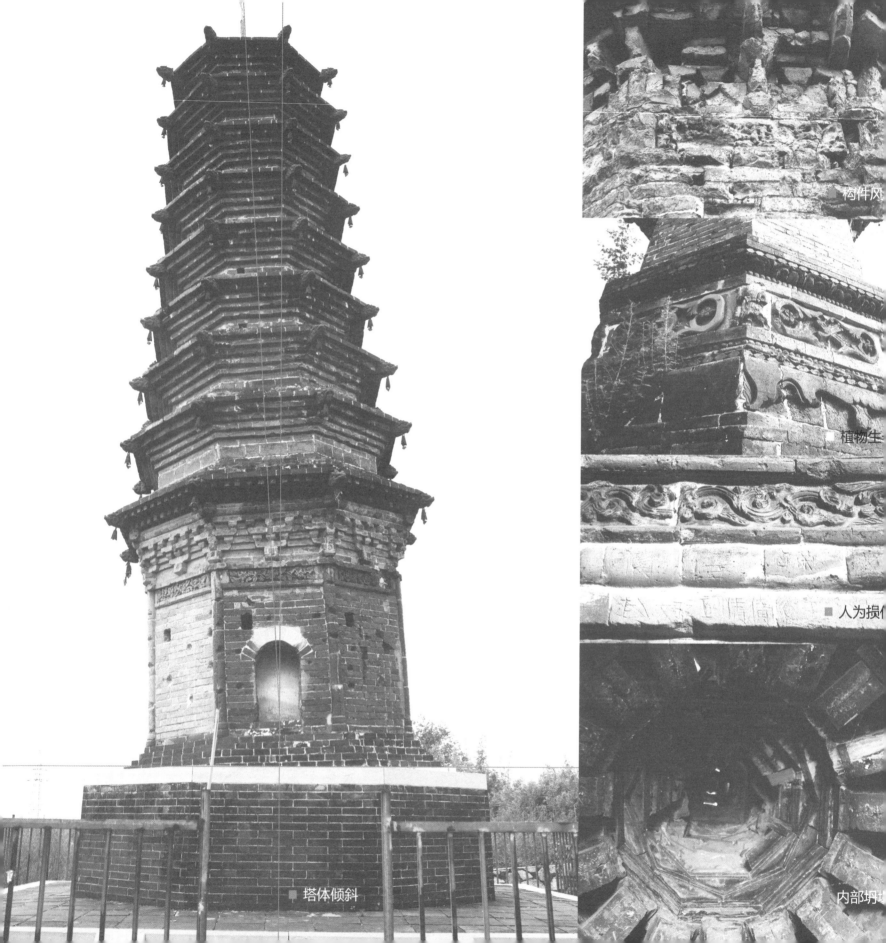

构件风

植物生

人为损

塔体倾斜

内部坍塌

前言

塔，源于古印度，名"窣堵波"（梵语stūpa的音译），初为纪念释迦牟尼出现，后成为供奉和安置佛祖或圣僧之舍利、经文和法器的功能建筑。塔随佛教传入中国，经长期发展演化，逐渐与中国传统建筑文化结合，形成独具特色的建筑类型。塔最初造型极为简洁，为倒扣半圆球形（或称覆钵形），顶部置一杆（或称刹），后逐渐发展丰富。中国古塔类型极其多样。以层数分，有单层塔、多层塔；以形制分，有密檐塔、楼阁式塔、覆钵式塔、花塔、多宝佛塔等；以功能分，则有墓塔、风水塔、文峰塔、瞭望塔等，凡此种种，不胜枚举。河北省现存古塔70余座，历史非常悠久，形制丰富多样。其中，邢台南宫普彤寺及普彤塔，始建于东汉永平十年（67年），为全国最早的寺院及塔，较洛阳白马寺（始建于永平十一年）及其齐云塔（始建于永平十二年）均早，被誉为"中华第一佛塔"；形制方面，密檐塔的典型代表有宣化佛真猞猁逊逻尼塔、蔚县南安寺塔等；楼阁式塔有武安舍利塔、涿州智度寺塔等；覆钵式塔有蔚县资中政公禅师灵塔、满城月明寺双塔等；花塔有涞水庆华寺塔和曲阳修德寺塔等；多宝佛塔有古冶多宝佛塔等；此外，亦有很多古塔与道教、风水或地方文化结合，呈现特异造型。如与道教融合之典型代表卢龙重庆宝塔、蔚县重泰寺灵骨塔等；风水塔有遵化保安塔、昌黎双阳塔等；而曲阳文昌塔则与振兴当地文风密切相关。

古塔具有形体高耸、体量庞大、结构沉重、构造复杂等特征，其建造材料以砖、木、石为主，而河北省古塔建材尤以砖占绝对优势，同时辅以少量木、石材料。砖材属于多孔材料，历经成百上千年的雨水侵蚀、温差涨缩、冻融循环以及植物生长等影响，砖块材料逐渐酥裂，自身承载力、完整性以及整个砌体结构的强度都逐渐减弱，由此导致古塔产生各种病害。此外，地震、雷电等因素可能产生更加严重的问题。地震导致塔体倾斜甚至倒塌。而高大塔体易遭受雷电攻击，导致塔体破裂崩塌。最后，战争、盗掘、火灾等因素亦会导致塔体的多种损伤。历经沧桑，河北地区古塔均存在各种类型病害，主要包括：普遍出现不同程度倾斜，尤以丰润玉煌塔、古冶多宝佛塔、涿鹿镇水塔为甚，这些古塔受到地震、沉降等因素影响，塔体倾斜非常严重；局部构件坠落亦是常见病害，如宣化佛真猞猁逊逻尼塔、涿州永安寺塔、卢龙重庆宝塔等，塔檐部、平座、塔顶等悬挑和端部构件脱落非常严重；扭转变形则是另一类病害，如峰峰矿区北响堂常乐寺塔和南响堂寺塔，塔檐产生不同程度倾斜扭转；同时，古塔还广泛存在裂缝、返碱、风化、植物生长等各种局部问题，如满城月明寺双塔、武安郭宝珠塔、平山泽云和尚灵塔等；此外，盗挖活动亦是影响塔体形态甚至导致塔体倾斜的因素，此项尤以顺平伍侯塔、涞水皇甫寺塔最为显著。事实上，更为严重的问题则是多重病害叠加，将显著增加古塔整体结构的系统性风险，未来某种因素的扰动很可能导致严重的结构问题，甚至整体突然崩塌。因此，古塔保护工作迫在眉睫，亦任重道远，而首当其冲便是建立古塔信息档案，且尤以高精度、多尺度、数字化"全息"古塔形态档案为当前之最紧迫。

无人机和摄影测量的数字化测绘具有安全可靠、测绘精度高、记录信息丰富、成本低、效率高、成果用途广泛等众多优势。首先，建筑文化遗产测绘的基本原则是保障测绘对象安全。无人机的数字化测绘为非接触式测量，能够全面确保遗产的安全，有效避免传统人工接触式测绘可能对遗产造成的二次损伤。其次，摄影测量的古塔数字化测绘精确度高、准确性强，其有效测绘精度可控制到毫米级范围，解决了古塔传统人工测绘精度低、准确性差，以及无法精确呈现塔体扭转错位，局部不均匀沉降，裂缝、植物、风化等微观信息等问题。再次，三维数字化测绘能够获得古塔形态相关的全息信息，准确记录古塔的形态、构造、材质、色彩以及周边环境等基本信息；精确呈现塔身倾斜沉降、结构扭转、构件塌落、植物生长等病害信息；同时生动展现风化腐蚀、人为题刻、历代修缮等历史信息。从次，数字化测绘技术具有成本低、体积小、重量轻、机动性强等特点，可广泛适应多种遗产类型、场地形态和环境条件；同时，具有测绘速度快、跨越尺度大、数据处理快、成果精度高等效率优势，有效解决了传统古塔测绘工作成本高、测绘周期长、数据处理慢等问题。最后，数字化成果记录了古塔的丰富信息，为后续古塔的数字化保护和传承创新工作提供了坚实基础。基于此，可广泛开展古塔相关的数字化基础档案建设、信息研究和技术创新、可视化智慧遗产管理、数字孪生实时监测、文化创意产品开发，以及数字资源新质生产力创新等工作。

鉴于古塔数字化档案建设的迫切需求以及无人机数字化测绘的优势，团队于2019年确定并正式开始河北省古塔的数字化测绘工作。整个工作历时5年，行程近两万公里，其间克服测绘限制、经费紧张、受伤患病等各种问题和困难，完成河北省范围内55座古塔的现场测绘、分析建模、图纸绘制、补测校准以及设计排版等数字化测绘工作。整个测绘工作分为外业和内业两大部分。外业以古塔数字化测绘为主，主要工作涉及全景拍摄、水准仪找平、打标志点、无人机测绘和数据测量；内业以数据处理和绘图为主，主要工作包括数据整理、生成点云、数字建模、图纸导出、标注尺寸和排版出图；除此还涉及数据补测、现场校核、形象设计等其他工作。本书成果共包含55个古塔的数字化测绘信息：鸟瞰图展现古塔所处环境特征，人视点照片展现古塔本体形态，顶部正投影图展示古塔屋顶形态，测绘图纸呈现古塔平、立、剖面的尺寸，索引图则描述塔体局部复杂形态的细节特征。此外，读者可通过"720云"平台搜索"河北古塔数字化漫游"，获得各塔的现场全景漫游体验，进而全方位了解和感知古塔之美。

本书测绘成果记录了古塔的大量信息，为后续古塔的数字化保护和传承创新工作提供了坚实基础。同时，除去幢式塔不属测绘对象外，因单位管制、地区禁飞、几经尝试依然无法到达等问题，亦存数塔未测之遗憾，唯有未来补充完善。未来，团队将陆续开展其他地区古塔的数字化测绘工作，衷心希望达成全国古塔的数字化测绘夙愿，为我国珍贵的古塔遗产保护工作贡献力量。

图书在版编目（CIP）数据

中国古塔数字化测绘图集. 河北卷／曹迎春著.
北京：中国建筑工业出版社，2024. 11. -- ISBN 978-7-
112-30339-7

Ⅰ. TU198-39

中国国家版本馆CIP数据核字第2024CX9857号

责任编辑：杨 晓 唐 旭
责任校对：王 烨

中国古塔数字化测绘图集 河北卷

曹迎春 著

*

中国建筑工业出版社出版、发行（北京海淀三里河路9号）

各地新华书店、建筑书店经销

北京锋尚制版有限公司制版

北京中科印刷有限公司印刷

*

开本：787毫米×1092毫米 1/12 印张：19⅔ 字数：636千字

2024年11月第一版 2024年11月第一次印刷

定价：**98.00**元

ISBN 978-7-112-30339-7

（43691）

中国古塔数字化测绘图集

曹迎春 著

| 河北卷 |

中国建筑工业出版社

U0283306